普通高等教育规划教材

材料成形金属学

丁 桦 主编

北 京
冶金工业出版社
2023

内 容 提 要

本书系统介绍了材料的晶格缺陷，材料的塑性变形机制、强化机制、形变及再结晶规律，材料塑性变形的宏观规律、塑性变形抗力、塑性行为及断裂，并介绍了材料组织性能控制的方法。本书着重于材料组织性能控制的基本概念和基本理论，力图较为完整地介绍材料成形过程中的物理冶金知识，注重引导学生应用基本理论分析实际问题。

本书主要用于材料成型及控制工程专业本科生的教学，也可供材料加工工程学科的研究生和相关领域的工程技术人员及研究人员参考。

图书在版编目（CIP）数据

材料成形金属学／丁桦主编. —北京：冶金工业出版社，2016.12
（2023.1 重印）
普通高等教育规划教材
ISBN 978-7-5024-7417-1

Ⅰ.①材…　Ⅱ.①丁…　Ⅲ.①金属材料—成形—高等学校—教材
Ⅳ.①TG14

中国版本图书馆 CIP 数据核字（2017）第 028948 号

材料成形金属学

出版发行	冶金工业出版社	电　话	(010)64027926
地　址	北京市东城区嵩祝院北巷 39 号	邮　编	100009
网　址	www.mip1953.com	电子信箱	service@mip1953.com

责任编辑　卢　敏　美术编辑　吕欣童　版式设计　彭子赫
责任校对　卿文春　责任印制　窦　唯
北京虎彩文化传播有限公司印刷
2016 年 12 月第 1 版，2023 年 1 月第 5 次印刷
787mm×1092mm　1/16；12.75 印张；307 千字；192 页
定价 35.00 元

投稿电话　（010）64027932　投稿信箱　tougao@cnmip.com.cn
营销中心电话　（010）64044283
冶金工业出版社天猫旗舰店　yjgycbs.tmall.com
（本书如有印装质量问题，本社营销中心负责退换）

前　言

材料成形不仅能使材料的形状和尺寸发生改变，更重要的是可以控制材料的组织性能。发掘传统材料的潜能和开发新的材料，都需要了解材料的微观组织和力学性能之间的关系，掌握材料组织性能的控制方法。因此，材料成形过程中的物理冶金学一直受到研究人员和企业界的高度重视，也是一个非常活跃的研究领域。

本教材力图将材料成形的宏观规律与微观现象相联系，揭示材料微观组织的演变规律，解释材料变形过程中的力学行为。教材首先介绍材料的晶格缺陷尤其是位错理论，然后依次介绍材料的塑性变形机制、强化机制、形变及再结晶规律；之后介绍材料塑性变形的宏观规律、材料的塑性变形抗力、材料的塑性行为及断裂；最后阐述材料组织性能控制的方法，并对材料的服役性能做以介绍。本教材着重于材料组织性能控制的基本概念和基本理论，力图较为完整地介绍材料成形过程中的物理冶金知识，注重引导学生应用基本理论分析实际问题。

本教材的编写人员全部从事材料成形与组织性能控制方面的研究，试图将科研工作融入教材的编写，做到科研和教学相互促进。在本教材中引入了一些例题，其中有的来自于编者在科研工作中所阅读的文献，也有的源于编者的科研工作。希望通过这些例题使读者能够结合实际学习材料组织性能控制的方法，为解决实际的工程问题奠定一定的基础。教材的每章之后给出了习题与思考题，以方便读者的进一步学习和思考。

本教材共分为 10 章。教材的编者有：丁桦（第 1、2、5、9 章）、李艳梅（第 3、6 章）、唐正友（第 4、10 章）和蔡明晖（第 7、8 章），全书由丁桦统稿。朱伏先教授对全文进行了审阅。编者的研究生对本书的文字和图表进行了整理。东北大学对本教材的出版提供了支持和资助。

本书主要用于材料成型及控制工程专业本科生的教学，也可供材料加工工程学科的研究生和相关领域的工程技术人员及研究人员参考。

虽经反复揣摩，本书仍难免会有疏漏之处，敬请读者批评指正。

编　者

2016 年 11 月于沈阳东北大学

目　　录

1 晶体缺陷概述

在实际晶体中，原子的排列是不规则的，常出现各种偏离理想结构的情形。原子的不规则排列产生晶体缺陷。晶体缺陷在材料组织控制（如扩散、相变）和性能控制（如材料强化）中具有重要的作用。

根据晶体缺陷的几何特征，可以将晶体缺陷分为以下三类：

（1）点缺陷：在三维空间各方向上尺寸都很小的缺陷，如空位、间隙原子、异类原子等。

（2）线缺陷：在两个方向上尺寸很小，而另一个方向上尺寸较大的缺陷，主要是位错。

（3）面缺陷：在一个方向上尺寸很小，在另外两个方向上尺寸较大的缺陷，如晶界、相界、表面等。

1.1 点　缺　陷

点缺陷是在晶格结点上或邻近的微观区域内偏离晶体结构正常排列的一种缺陷。点缺陷包括空位、间隙原子、杂质或溶质原子（图1-1）。

1.1.1 空位

在理想晶体晶格结点处失去原子，形成了原子的空位，这种缺陷称为空位。受热、变形和辐照都会迫使晶体中的原子离开晶格点阵位置产生空位。空位周围的原子将偏离平衡位置。在一定的条件下，空位可以聚集成空位对、空位团，或通过迁移而消失于晶界或晶体表面。空位也能和溶质原子一起形成空位-溶质原子对。

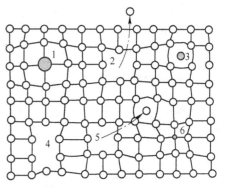

图 1-1　点缺陷示意图
1—大的置换原子；2—肖脱基空位；
3—异类间隙原子；4—复合空位；
5—弗兰克尔空位；6—小的置换原子

空位分为两种：（1）肖脱基空位，离位原子进入其他空位或迁移至晶界或表面；（2）弗兰克尔空位，离位原子进入晶体间隙。

根据热力学和统计物理学计算，在给定温度下，空位的平衡浓度由下式近似给出：

$$C_0 = A\exp\left(-\frac{Q_i}{RT}\right) \tag{1-1}$$

式中　Q_i——形成 1mol 空位所需做的功；

　　　R——摩尔气体常数。

1.1.2 间隙原子

进入晶体点阵间隙位置的原子称为间隙原子。间隙原子可以是自间隙原子，也可以是尺寸较小的溶质原子。例如，氮、氢、碳等原子的体积小，在晶体中一般以间隙原子形式存在。如晶体被高能粒子辐照，原子在进入间隙位置形成间隙原子的同时，还形成一个空位。

1.1.3 置换原子

位于晶体点阵位置的异类原子也可以看做是形成了点缺陷。异类原子与基体原子（或间隙位置）的体积一般是有差别的，因此这些原子的存在会使晶格发生畸变。

1.2 线 缺 陷

位错是晶体中原子错排而造成的一种晶体缺陷。位错线是晶体中已滑移区和未滑移区的边界线，但并不是一条实体线。位错区域只有几个原子间距宽，因此称之为线缺陷。按晶体内原子错排特点的不同，位错可以分为刃型位错、螺型位错和混合位错三种类型。

1.2.1 刃型位错

刃型位错的特征是有一个多余的半原子面，不一定是直线；滑移面必须是同时包含有位错线和滑移矢量的平面，在其他平面上不能滑移；刃型位错周围的点阵发生弹性畸变（图1-2）。

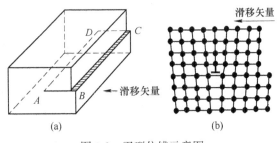

图 1-2 刃型位错示意图
（a）位错的形成；（b）原子排列

1.2.2 螺型位错

螺型位错无多余半原子面，原子错排呈轴对称；螺型位错线与滑移矢量平行，因此一定是直线；纯螺型位错的滑移面不唯一；螺型位错周围发生点阵畸变（图1-3）。

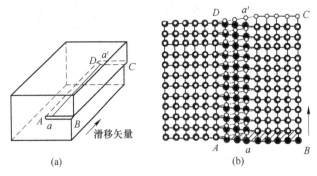

图 1-3 螺型位错示意图
（a）位错的形成；（b）原子排列

1.2.3 混合位错

刃型位错和螺型位错是位错的两种基本类型。混合位错的原子排列特点是既有多余半原子面，又有螺旋面，也就是说混合位错是由刃型位错和螺型位错合成的。在混合位错中，既有刃型位错成分，又有螺型位错成分（如图 1-4 所示）。

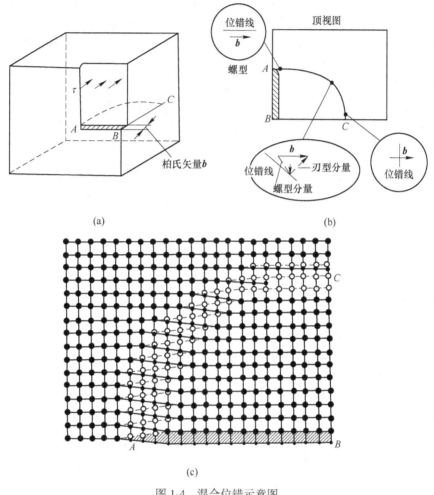

图 1-4　混合位错示意图

1.3　面　缺　陷

晶格的面缺陷包括晶体表面、晶界、亚晶界、相界、堆垛层错等。

金属材料一般为多晶体。多晶体由许多取向不同的小晶粒构成，晶粒与晶粒之间是晶界，晶界是一种重要的面缺陷。在一个晶粒内，有时还存在取向差较小的亚晶粒。分隔亚晶粒的界面称为亚晶界，它是一种小角度晶界。小角度晶界和大角度晶界一般以 10°～15° 为界限。在多相合金中，相界面也是一种面缺陷。不同结构的相界面对材料性能的影响很大。

1.3.1　小角度晶界

倾斜晶界与扭转晶界是小角度晶界的两种特殊形式。倾斜晶界又分为对称倾斜晶界和不对称倾斜晶界。

图 1-5 为对称型倾斜晶界模型。这种晶界是由一系列刃型位错相隔一定距离垂直排列而成的。当晶粒内的同号刃型位错在一定条件下垂直排列形成这种晶界时，该晶粒便被分成两个取向差为 θ 角的亚晶粒。如果对称倾斜晶界的界面绕 x 轴转了一个角度 φ，如图1-6所示，则此时两个晶粒之间的位向差仍为 θ，但此时晶界的界面对于两个晶粒是不对称的，因此称为不对称倾斜晶界，它有两个自由度 θ 和 φ。该晶界结构可看成由两组柏氏矢量相互垂直的刃型位错排列而成。

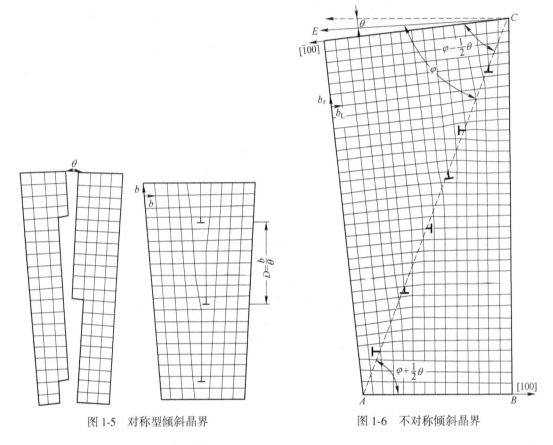

图 1-5   对称型倾斜晶界   图 1-6   不对称倾斜晶界

扭转晶界可以看成是两部分晶体绕某一轴在一个共同的晶面上相对扭转一个 θ 角所构成的，扭转轴垂直于这一共同的晶面，如图 1-7 所示。它的自由度为 1。该晶界的结构可以看成由互相交叉的螺型位错所组成，如图 1-8 所示。

1.3.2 大角度晶界

多晶体材料中各晶粒之间的晶界通常为大角晶界。处于大角度晶界上的原子排列比较杂乱，难于用位错模型描述。

对于大角晶界，有多种模型。非晶态模型认为晶界处原子排列接近于过冷的液态和非晶态物质；小岛模型认为在晶界处有原子排列匹配良好的区域，它们散布在原子排列匹配不良的区域中，小岛直径约有数个原子间距；晶界无序群模型认为晶界中存在原子排列比较整齐的区域，也有比较疏松而杂乱的区域。

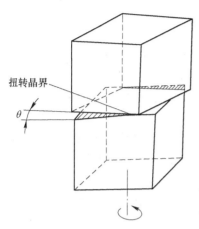

图 1-7　扭转晶界的形成

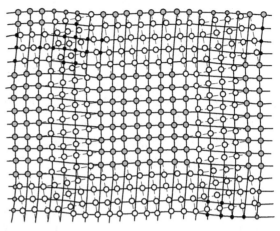

图 1-8　扭转晶界位错模型

图 1-9 示出了根据场离子显微镜研究结果提出的 "重合位置点阵模型"。在二维正方点阵中，设两个晶粒的位向差为 37°（相当于晶粒 2 相对晶粒 1 绕某固定轴旋转了 37°）。若两晶粒的点阵彼此通过晶界向对方延伸，则其中的一些原子会出现有规律的重合。由这些原子重合位置所组成的新点阵称为重合位置点阵。在图中，每五个原子中即有一个是重合位置，故重合点阵密度为 1/5 或称为 1/5 重合位置点阵。当晶体结构及所选旋转轴与旋转角不同时可以出现不同重合位置密度的重合点阵。

1.3.3　相界面

相界面两侧是不同的相，两相或结构不同，或点阵参数不同。两个不同相之间的界面为相界面。按界面上错配度的不同，可以将相界面分为共格界面、部分共格界面和非共格界面，如图1-10 所示。

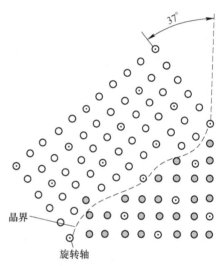

● 晶粒1的原子位置
○ 晶粒2的原子位置
◉ 重合位置点阵中的原子位置

图 1-9　重合位置点阵示意图

（1）共格界面。"共格" 是指界面上的原子同时位于两相晶格的结点上，共格相界面两边原子一一对应。如果两相的晶格常数不同，共格界面使晶格发生畸变，产生较大的弹性能，如图 1-10（a）所示。

（2）半共格界面。当两相的晶格常数相差较大时，则在相界面上不可能做到完全共格。为松弛更多的弹性能，在界面上会产生一些位错，形成部分共格界面，如图 1-10（b）所示。部分共格的相界面比较分明，弹性能较高。

半共格相界上的位错间距取决于相界处两相匹配界面的错配度。错配度定义为

$$\delta = \frac{a_\alpha - a_\beta}{a_\alpha}$$

式中　a_α，a_β——相界面两侧 α 相和 β 相的点阵常数。

由此可求得位错间距为

$$D = \frac{a_\beta}{\delta}$$

当 δ 很小，D 很大，两相在相界面上趋于共格，即形成共格相界；当 δ 很大时，两相在相界面上完全失配，形成非共格相界。

（3）非共格界面。当两相的晶体结构差别很大时，便可以形成完全不共格的相界面，如图 1-10（c）所示。这种界面上的原子分布混乱，界面分明，弹性能很低。

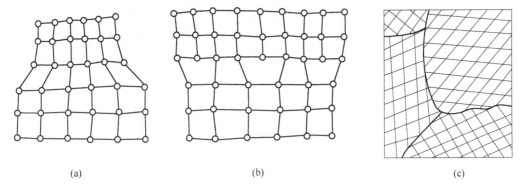

(a)　　　　　　　　　　　(b)　　　　　　　　　　　(c)

图 1-10　相界面

（a）共格界面；（b）部分共格界面；（c）非共格界面

习题与思考题

1-1　什么是晶体缺陷？按照晶体缺陷的几何组态，晶体缺陷可分为几类？

1-2　什么是空位平衡浓度？为什么说空位是一种热力学上平衡的缺陷？

1-3　若将某材料加热至 1130K 时，其空位平衡浓度是其在 1000K 时的 5 倍，设在 1000～1130K 之间时材料的密度不变，试计算其空位形成能（$R = 8.32\text{J}/(\text{mol} \cdot \text{K})$）。

1-4　相界面结构有几种形式？其界面能的特点是什么？

2 位错理论基础

2.1 位错概念的引入

从理想完整晶体模型出发，对晶体的屈服强度进行计算。假定滑移时滑移面两侧的晶体像刚体一样，所有原子同步滑移，如图 2-1 所示。晶体上、下两部分在外加切应力 τ 的作用下，发生沿 x 方向的位移，由于晶格的周期性，切应力是位移 x 的周期函数。当 $x=0$ 时，$\tau=0$；当 $x=b$ 时，两晶面相对移动一个原子间距，$\tau=0$；$x=b/2$ 时，原子处于对称位置，每个原子受的来自周围原子的作用力互相抵消。因此，可以假设切应力 τ 是位移 x 的正弦函数。

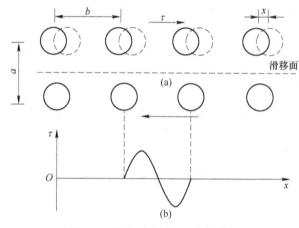

图 2-1　计算理论切变强度的模型

（a）原子面的滑动过程；（b）切应力与滑移方向上位移的关系

$$\tau = \tau_m \sin \frac{2\pi x}{b} \tag{2-1}$$

式中　τ_m——正弦曲线的振幅；

　　　b——原子间距。

在位移 x 很小时，可将上式简化为：

$$\tau = \tau_m \frac{2\pi x}{b} \tag{2-2}$$

同时，晶体在变形很小时满足虎克定律，即

$$\tau = G\gamma = G \frac{x}{a} \tag{2-3}$$

式中　G——剪切模量；

　　　γ——切应变；

　　　a——切动的两层原子面面间距。

从式（2-2）和式（2-3）可得最大切应力为：

$$\tau_{\mathrm{m}} = \frac{G}{2\pi} \tag{2-4}$$

最大切应力 τ_{m} 即为理论切变强度。

一般工程用金属材料的剪切模量为 $10^4 \sim 10^5 \mathrm{MPa}$，由此可得金属晶体的屈服强度应为 $10^3 \sim 10^4 \mathrm{MPa}$ 数量级，但一般纯金属单晶体的实际屈服强度为 $1 \sim 10 \mathrm{MPa}$。如：Al 的剪切模量为 $27.2 \times 10^3 \mathrm{MPa}$，计算所得的 τ_{m} 为 $4.3 \times 10^3 \mathrm{MPa}$，实测值为 $0.8 \mathrm{MPa}$，理论值与实测值相差 4 个数量级。可见晶体屈服强度的理论值与实验值相比，相差非常大，一般要高出 3~4 个数量级。因此，这就否定了金属晶体的滑移是刚性滑动的假设。晶体的滑移应该是从某些局部区域开始，逐渐扩大到整个晶面。因此，引入了位错的概念，它可以在微小应力作用下运动并导致晶体产生塑性变形。

2.2   位错的柏氏矢量

为了便于描述晶体中的位错，1939 年，柏格斯（J. M. Burgers）提出可用晶体的滑移矢量 u 来表征位错特征，因此滑移矢量又称为柏氏矢量，记作 b。用柏氏矢量可以判断位错类型、估算位错的应变能和分析位错反应等。柏氏矢量是位错理论的重要参数之一。

2.2.1   柏氏矢量的确定

柏氏矢量可以通过柏氏回路来确定。首先在原子排列基本正常区域作一个包含位错的回路，称为柏氏回路，这个回路包含了位错发生的畸变。然后将同样大小的回路置于理想晶体中，则回路不能封闭，需要一个额外的矢量连接才能封闭，这个矢量就称为该位错的柏氏矢量。图 2-2 为确定刃型位错柏氏矢量的示意图，图 2-3 为确定螺型位错柏氏矢量的示意图。

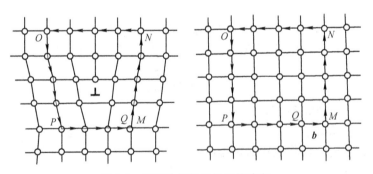

图 2-2   刃型位错柏氏矢量的确定

2.2.2   柏氏矢量与位错类型的关系

刃型位错：柏氏矢量与位错线相互垂直。依方向关系可分正刃型和负刃型位错：多余半原子面在滑移面上方的刃型位错为正刃型位错，在下方的为负刃型位错。

螺型位错：柏氏矢量与位错线相互平行。依方向关系可分左螺型和右螺型位错：在晶体内螺旋面的旋转方向和螺旋面的前进方向符合右手法则的为右螺型位错，反之为左螺型位错。

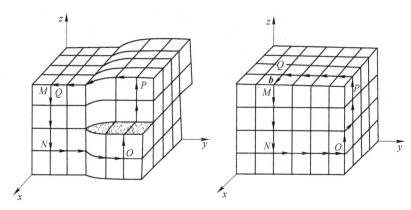

图 2-3　螺型位错柏氏矢量的确定

混合位错：柏氏矢量与位错线既不垂直也不平行。

2.2.3　柏氏矢量的特性

柏氏矢量具有以下的一些特性：

（1）柏氏矢量与柏氏回路路径无关。只要一个位错不和其他位错线相遇，无论回路扩大、缩小或任意移动，由此回路所确定的柏氏矢量是唯一的，即柏氏矢量存在守恒性。

（2）一根不分叉的位错，各部位的柏氏矢量都相同，即柏氏矢量存在唯一性。

（3）用柏氏回路求得的柏氏矢量为回路中包围的所有位错柏氏矢量的总和（矢量和），即柏氏矢量存在加和性。

（4）位错不可能终止于晶体的内部，只能终止于表面、晶界和其他位错，或形成位错环，这可称为位错的连续性。

2.2.4　柏氏矢量的表示方法

柏氏矢量的大小和方向可用它在晶轴上的分量，即点阵矢量 $\boldsymbol{a}$，$\boldsymbol{b}$ 和 $\boldsymbol{c}$ 来表示。一般立方晶体中的柏氏矢量可表示为 $\boldsymbol{b} = \dfrac{a}{n} \langle u \quad v \quad w \rangle$，其中 n 为正整数。

如果一个柏氏矢量 $\boldsymbol{b}$ 是另外两个柏氏矢量 $\boldsymbol{b}_1 = \dfrac{a}{n}[u_1 \quad v_1 \quad w_1]$ 和 $\boldsymbol{b}_2 = \dfrac{a}{n}[u_2 \quad v_2 \quad w_2]$ 之和，则按矢量加法有

$$\boldsymbol{b} = \boldsymbol{b}_1 + \boldsymbol{b}_2 = \frac{a}{n}[u_1 \quad v_1 \quad w_1] + \frac{a}{n}[u_2 \quad v_2 \quad w_2] = \frac{a}{n}[u_1+u_2 \quad v_1+v_2 \quad w_1+w_2]$$

通常用 $|\boldsymbol{b}| = \dfrac{a}{n}\sqrt{u^2 + v^2 + w^2}$ 来表示位错的强度，称为柏氏矢量的大小或模。

2.3　位错的实验观察

可采用光学金相显微镜和透射电子显微镜观察晶体中的位错及测量位错密度。用金相

显微镜可以观察试样表面的位错露头。由于在位错处产生晶格畸变，能量较高，因此采用适当的侵蚀方法如化学法、电解侵蚀或热侵蚀的方法，可以使位错在晶体表面的露头处形成蚀坑。测出单位面积的蚀坑数，即可得到位错密度。同时，蚀坑的形状可反映位错的特征，可以区别刃型位错和螺型位错。这种方法比较简单，但是仅适用于位错密度比较低时的情形。图 2-4 示出了刃型位错和螺型位错在表面形成蚀坑的示意图，图 2-5 为位错蚀坑的照片。

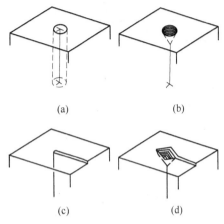

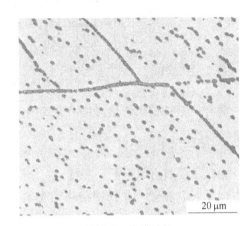

图 2-4   位错在晶体表面露头处形成蚀坑示意图
（a），（b）刃型位错；（c），（d）螺型位错

图 2-5   位错蚀坑

观察位错最为常用的是透射电子显微术。将试样减薄到几十到数百个原子层（500nm）以下，利用透射电镜可观察位错线。图 2-6 示出了金属中典型的滑移位错。

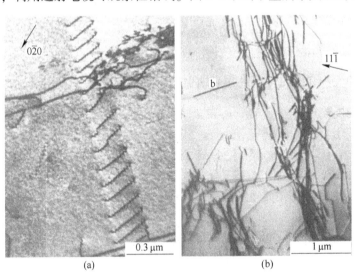

图 2-6   典型滑移位错
（a）平面滑移；（b）波动滑移

位错密度是描述晶体中位错多少的参数。位错密度定义为单位体积中位错的总长度。当晶体体积为 V，晶体中位错总长度为 L，则该晶体中位错密度 ρ（单位为 cm/cm^3）为：

$$\rho = \frac{L}{V} \tag{2-5}$$

为了简便，有时把位错线看作垂直于某一平面的直位错线。这时位错密度 ρ（单位为 $1/\mathrm{cm}^2$）可以表示为：

$$\rho = \frac{nl}{AL} = \frac{n}{A} \tag{2-6}$$

式中　A——位错线横截于晶体的表面积；

　　　n——面积 A 中的位错数目；

　　　l——晶体长度，也就是每根位错线的长度。

2.4　位错的应力场及应变能

2.4.1　位错的应力场

存在位错的晶体，不仅位错中心处原子错排严重，且位错周围的原子也相应偏离平衡位置，从而使位错周围产生应力场。

2.4.1.1　螺型位错应力场

取一个圆柱体，将中心部分去掉，制成一个厚壁管。把管子一侧切开，然后沿轴向（z 轴方向）相对移动一个原子间距 b，再粘合起来，如图 2-7 所示。这相当于制作了一个柏氏矢量为 $\boldsymbol{b}$ 的螺型位错。

根据弹性理论，可求得螺型位错周围只有一个切应变：

$$\tau_{\theta z} = G\varepsilon_{\theta z} = \frac{Gb}{2\pi r} \tag{2-7}$$

因圆柱体在其他方向无应变，故其相应的各应力分量为零：

$$\sigma_{rr} = \sigma_{\theta\theta} = \sigma_{zz} = \tau_{r\theta} = \tau_{\theta r} = \tau_{rz} = \tau_{zr} = 0 \tag{2-8}$$

式中　G——切变模量；

　　　b——柏氏矢量；

　　　r——距位错中心的距离。

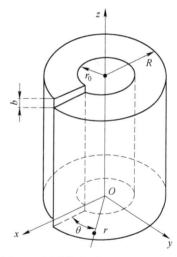

图 2-7　圆柱体内引入一个螺型位错

如用直角坐标表示，则螺型位错的应力场公式如下：

$$\begin{cases} \tau_{yz} = \tau_{zy} = \dfrac{Gb}{2\pi} \cdot \dfrac{x}{x^2 + y^2} \\[2mm] \tau_{zx} = \tau_{xz} = -\dfrac{Gb}{2\pi} \cdot \dfrac{y}{x^2 + y^2} \\[2mm] \sigma_{xx} = \sigma_{yy} = \sigma_{zz} = \tau_{xy} = \tau_{yx} = 0 \end{cases} \tag{2-9}$$

螺型位错的应力场有以下的特点：

（1）螺型位错应力场是一个纯切应力场，正应力分量全部为零。说明螺型位错不会引起晶体的膨胀与收缩。

（2）螺型位错的切应力值与 r 值成反比例，与 θ 角无关，即螺型位错的应力场是轴对称的。

由式（2-9）可以看出，当 $r = 0$（$x = 0$、$y = 0$）时，切应力值无限大，这是不合理的。说明把晶体看做连续均匀的弹性介质推导的螺型位错应力场公式并不适用于位错中心位置。

2.4.1.2　刃型位错应力场

将一空心的弹性圆柱体切开，使切面两侧沿径向（x 轴方向）相对位移一个柏氏矢量的距离，再将其胶合起来，就形成一个刃型位错（图 2-8）。根据此模型，经计算可得刃型位错周围的各应力分量。以圆柱坐标表示为：

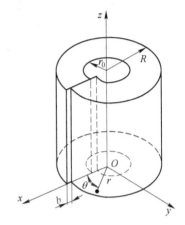

$$\begin{cases} \sigma_{rr} = \sigma_{\theta\theta} = - D \cdot \dfrac{\sin\theta}{r} \\[2mm] \sigma_{zz} = - \nu(\sigma_{rr} + \sigma_{\theta\theta}) \\[2mm] \tau_{r\theta} = \tau_{\theta r} = D \cdot \dfrac{\cos\theta}{r} \\[2mm] \tau_{rz} = \tau_{zr} = \tau_{\theta z} = \tau_{z\theta} = 0 \end{cases} \quad (2\text{-}10)$$

图 2-8　在圆柱体内引入一个刃型位错

用直角坐标可表示为：

$$\begin{cases} \sigma_{xx} = - D \cdot \dfrac{y(3x^2 + y^2)}{(x^2 + y)^2} \\[2mm] \sigma_{yy} = D \cdot \dfrac{y(x^2 - y^2)}{(x^2 + y^2)^2} \\[2mm] \sigma_{zz} = \nu(\sigma_{xx} + \sigma_{yy}) \\[2mm] \tau_{xy} = \tau_{yx} = D \cdot \dfrac{x(x^2 - y^2)}{(x^2 + y^2)^2} \\[2mm] \tau_{xz} = \tau_{zx} = \tau_{yz} = \tau_{zy} = 0 \end{cases} \quad (2\text{-}11)$$

$$D = \frac{Gb}{2\pi(1 - \nu)}$$

式中　G——切变模量；

　　　ν——泊松比；

　　　b——柏氏矢量。

与螺型位错模型相同，位错中心畸变区也不符合连续介质模型，上述公式不能反映位错中心区域的情形。

图 2-9 示出了刃型位错典型区域的应力分布。刃型位错的应力场具有以下特点：

（1）同时存在正应力分量与切应力分量，且各应力分量的大小与 G 和 b 成正比，与 r 成反比，即随着与位错距离的增大，应力的绝对值减小；

（2）各应力分量都是 x，y 的函数，而与 z 无关；这表明在平行于位错的直线上，任一点的应力均相同；

（3）刃型位错的应力场对称于多余半原子面（y–z 面），即对称于 y 轴；

（4）当 $y=0$ 时，$\sigma_{xx}=\sigma_{yy}=\sigma_{zz}=0$，说明在滑移面上，没有正应力，只有切应力，而且切应力 τ_{xy} 达到极大值 $\left(\dfrac{Gb}{2\pi(1-\nu)}\cdot\dfrac{1}{x}\right)$；

（5）$y>0$ 时，$\sigma_{xx}<0$；而 $y<0$ 时，$\sigma_{xx}>0$；这说明正刃型位错的位错滑移面上侧为压应力，滑移面下侧为拉应力；

（6）在应力场的任意位置处，$|\sigma_{xx}|>|\sigma_{yy}|$；

（7）$x=\pm y$ 时，σ_{yy}，τ_{xy} 均为零，说明在直角坐标的两条对角线处，只有 σ_{xx}；而且在每条对角线的两侧，$\tau_{xy}(\tau_{yx})$ 及 σ_{yy} 的符号相反。

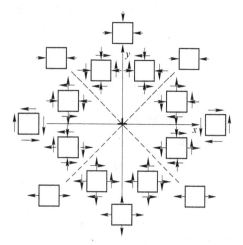

图 2-9 刃型位错应力场

2.4.2 位错的应变能

位错周围存在弹性应力场，使晶体的能量增加，这部分能量称为位错的应变能。位错的应变能可分为两部分：位错中心区域的应变能 U_c 和由位错应力场引起的弹性应变能 U_e。位错中心区域的点阵畸变严重，不能用线弹性理论计算。这部分能量约为总应变能的 1/10～1/15。若忽略此部分能量，可以 U_e 代表位错的应变能，位错的应变能可根据形成这个位错所做的功求得。

假定图 2-8 所示的刃型位错是一个单位长度的位错，在形成这个位错的过程中，沿滑移方向的位移从 0 逐渐增加到 b，因此位移是一个变量。当位移为 x 时，切应力 $\tau_{\theta r}=\dfrac{Gx}{2\pi(1-\nu)}\cdot\dfrac{1}{r}$。

为克服切应力 $\tau_{\theta r}$ 所做的功为：

$$W=\int_{r_0}^{R}\int_0^b\tau_{\theta r}\mathrm{d}x\mathrm{d}r=\int_{r_0}^{R}\int_0^b\frac{Gx}{2\pi(1-\nu)}\cdot\frac{1}{r}\mathrm{d}x\mathrm{d}r=\frac{Gb^2}{4\pi(1-\nu)}\cdot\ln\frac{R}{r_0} \tag{2-12}$$

对于螺型位错：$\tau_{\theta z}=\dfrac{Gb}{2\pi r}$，同理可求得单位长度螺型位错的应变能为 $\dfrac{Gb^2}{4\pi}\cdot\ln\dfrac{R}{r_0}$。

如果位错是混合型的，位错线与柏氏矢量之间的夹角为 φ。此时，可以把混合位错分解为一个刃型位错分量（柏氏矢量为 $b\sin\varphi$）和一个螺型位错分量（柏氏矢量为 $b\cos\varphi$）。由于刃型位错和螺型位错之间没有共同的应力分量，它们之间没有相互作用能。混合位错的能量即为两者能量的叠加，其表达式为：

$$U_e^{\mathrm{m}}=U_e^e+U_e^s=\left[\frac{G(b\sin\varphi)^2}{4\pi(1-\nu)}+\frac{G(b\cos\varphi)^2}{4\pi}\right]\ln\frac{R}{r_0}=\frac{Gb^2}{4\pi K}\cdot\ln\frac{R}{r_0} \tag{2-13}$$

式中 $K=\dfrac{1-\nu}{1-\nu\cos^2\varphi}$，$K\approx1\sim0.75$。

实际上，所有直位错的能量均可用上式表达，只需取不同的 K 值。同时，可以得出位错应变能的大小与 r_0 和 R 有关。一般认为，r_0 与 b 值相近，约为 10^{-10}m，而 R 是位错应力场最大作用范围的半径，一般取 10^{-6}m。因此，单位长度位错的总应变能可简化为：

$$U = \alpha Gb^2 \tag{2-14}$$

式中　α——与几何因素有关的系数，$\alpha = 0.5 \sim 1$。

位错的应变能有以下的特点：

（1）位错的应变能与其柏氏矢量的平方成正比，柏氏矢量越小，位错的应变能越低，位错越稳定。

（2）一般金属材料的泊松比 $\nu = \dfrac{1}{3}$，则 $U_e^e \approx \dfrac{3}{2} U_e^s$，故刃型位错的弹性应变能约为螺型位错的 1.5 倍。

（3）位错的能量是以位错线单位长度的能量来定义的，故位错的能量与其形状有关。直线位错的应变能小于弯曲位错的，更为稳定。因此，位错线有尽量变直和缩短其长度的趋势。

（4）位错的存在会使系统的内能升高，虽然也会引起晶体中熵值的增加，但很有限。因此，位错在热力学上是不稳定的。

2.4.3　位错的线张力

由于位错的总应变能与位错线的长度成正比，为了降低能量，位错线有缩短其长度的趋势，从而使位错产生线张力。这种现象类似于液体为降低表面能而产生表面张力。位错的线张力就是增加单位长度位错线所需做的功或储存的能量，即直位错的线张力与单位长度位错线的应变能在数值上相等。位错的线张力表示为：

$$T = \alpha Gb^2$$

一般地，当位错线为直线时 $\alpha = 1$，弯曲时 $\alpha = 0.5$。

位错的线张力不仅有使位错变直的趋势，而且也是晶体中位错常形成网络的原因。

由于位错有线张力，因此对于弯曲的位错线，由于线张力的作用，具有向心恢复力。

如图 2-10 所示，设 $\overset{\frown}{\mathrm{d}s}$ 为弯曲位错线上的一段，$\mathrm{d}\varphi$ 为 $\overset{\frown}{\mathrm{d}s}$ 对应的中心角，r 为 $\overset{\frown}{\mathrm{d}s}$ 的曲率半径，T 为线张力。

$\overset{\frown}{\mathrm{d}s}$ 在 T 的作用下产生指向曲率中心的力 F 为：

$$F = 2 \cdot T \cdot \sin\frac{\mathrm{d}\varphi}{2}$$

当 $\mathrm{d}\varphi$ 很小时，$\sin\dfrac{\mathrm{d}\varphi}{2} \approx \dfrac{\mathrm{d}\varphi}{2}$，而 $\overset{\frown}{\mathrm{d}s} = r \cdot \mathrm{d}\varphi$，因此：

$$F = T \cdot \frac{\mathrm{d}s}{r}$$

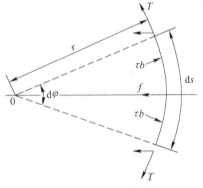

图 2-10　位错线张力示意图

当 $\mathrm{d}s$ 为单位长度时

$$F = f = \frac{T}{r} = \frac{Gb^2}{2r} \tag{2-15}$$

式中 *f*——弯曲位错线的向心恢复力。

2.5 位错的运动及晶体的塑性变形

位错的运动方式有两种：一种是滑移运动，另一种是攀移运动。位错的滑移运动不会使晶体体积发生变化，而位错的攀移运动会引起晶体的体积变化。

2.5.1 位错的滑移运动

位错的滑移运动在滑移面上进行。位错线与柏氏矢量构成的平面为滑移面。一条位错线扫过整个滑移面时，滑移面两侧的晶体相对移动一个相当于位错柏氏矢量的位移。大量位错线扫过同一滑移面时，就会形成滑移台阶。

图 2-11 所示为一个刃型位错在切应力的作用下在滑移面上的滑动过程。在外切应力 τ 的作用下，多余半原子面 *PQ* 移动到 *P'Q'*，使位错在滑移面上向左移动了一个原子间距，如图 2-11 （a）所示。如果切应力继续作用，位错将继续向左逐步移动。当位错线沿滑移面滑移通过整个晶体时，就会在晶体表面沿柏氏矢量方向产生宽度为一个柏氏矢量大小的台阶，即造成了晶体的塑性变形。由图 2-11 （b）可知，随着位错的移动，位错线所扫过

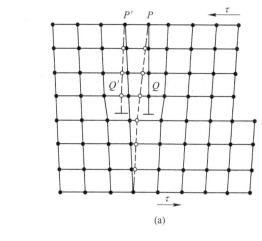

(a)

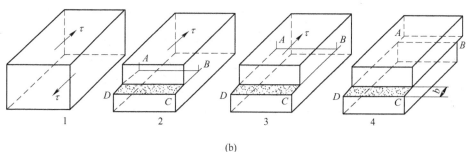

(b)

图 2-11 刃型位错在滑移面上的运动

（a）正刃型位错滑移时周围原子的位移；（b）滑移过程

的区域 *ABCD*（已滑移区）逐渐扩大，未滑移区逐渐缩小，两个区域始终由位错线为分界线。另外，在滑移时，刃型位错的运动方向始终垂直于位错线而平行于柏氏矢量，其滑移面就是由位错线与柏氏矢量所构成的平面，因此刃型位错的滑移限于单一的滑移面上。

　　实际的位移方向可以用右手定则判定：将食指指向位错线的切向 $\bar{\tau}$，中指指向位错运动方向 $\bar{r}$，则拇指指向沿 **b** 方向位移的那一侧晶体。右手定则如图 2-12 所示。

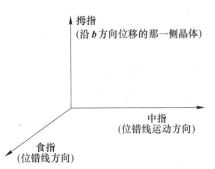

图 2-12　确定位错线运动方向的右手法则

　　图 2-13 为螺型位错滑移过程的示意图。由图 2-13（a）和（b）可见，同刃型位错一样，滑移时位错线附近原子（图面为滑移面，图中"○"表示滑移面以下的原子，"●"表示滑移面以上的原子）的移动量很小，所以使螺型位错运动所需的力也是很小的。当位错线沿滑移面滑过整个晶体时，同样会在晶体表面沿柏氏矢量方向产生宽度为一个柏氏矢量的台阶（图 2-13（c））。在滑移时，螺型位错的移动方向与位错线垂直，也与柏氏矢量垂直。对于螺型位错，由于位错线与柏氏矢量平行，故它的滑移不限于单一的滑移面上。

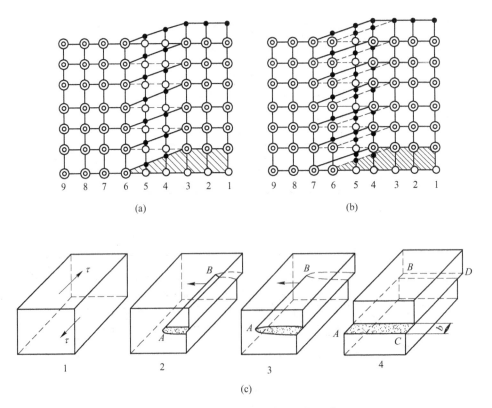

(a)　　　　　　　　　　　(b)

(c)

图 2-13　螺型位错在滑移面上的运动

（a）原始位置；（b）位错向左移动了一个原子间距；（c）滑移过程

2.5.1.1 晶体点阵对位错运动的阻力

由于位错的连续介质模型不能反映位错中心的情况，派尔斯（Peierls）和纳巴罗（Nabarro）提出采用较简单的点阵模型来处理位错中心问题。在这个模型中将滑移面视为晶体点阵结构，而在滑移面之外仍按连续弹性介质处理，因此被称为位错的半点阵模型。

如图 2-14 所示，将具有简单立方结构的完整晶体沿滑移面割开，并相对位移 $\dfrac{b}{2}$，将上下两部分晶体拼接起来，形成一刃型位错。Peierls 和 Nabarro 于 20 世纪 40 年代由上述模型推出了位错受到的晶格阻力，也称 P-N 力，其公式如下：

$$\tau_{\mathrm{p}} = \frac{2G}{1-\nu}\exp\left(-\frac{4\pi\xi}{b}\right) = \frac{2G}{1-\nu}\exp\left[-\frac{2\pi a}{b(1-\nu)}\right] \tag{2-16}$$

由上式可以得到：

（1）晶体滑移时所需要的切应力较低。设 $a \approx b$，$\nu = 0.3$，由式（2-16）计算，$\tau_{\mathrm{p}} \approx (10^{-3} \sim 10^{-4})G$，其值与实测的临界切应力相近。

（2）滑移面面间距 a 越大，位错柏氏矢量 b 越小时，点阵阻力越小。因此，晶体的滑移一般在晶体的密排面和密排方向上发生。

（3）$\xi = \dfrac{a}{2(1-\nu)}$ 称为位错的半宽度。一般金属 $\nu = \dfrac{1}{3}$，因此，位错宽度 $2\xi = \dfrac{3a}{2}$。位错宽度越小，位错滑移的点阵阻力越大。

2.5.1.2 螺型位错的交滑移

螺型位错的柏氏矢量和位错线平行，因此理论上通过位错线的任何面都是可能的滑移面。当某一螺型位错在原滑移面上运动受阻时，可以从原滑移面转移到与之相交的另一滑移面上继续滑移。这个过程称为交滑移。在合适的条件下，螺型位错可以又回到原来的滑移面继续滑移，这个过程称为双交滑移。双交滑移是位错绕过滑移面障碍物的重要机制。图 2-15 示出了螺型位错的交滑移和双交滑移过程。

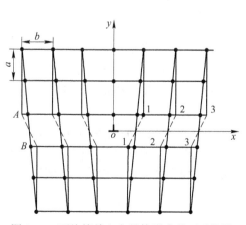

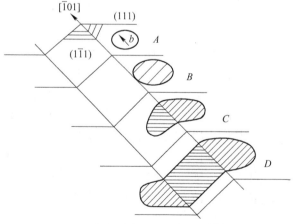

图 2-14　两块简单立方晶体形成的刃型位错　　图 2-15　面心立方晶体中的双交滑移过程示意图

2.5.2 刃型位错的攀移运动

刃型位错不仅能滑移，还可以攀移，如图 2-16 所示。

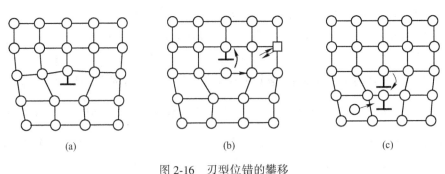

图 2-16　刃型位错的攀移

（a）未攀移时的位错；（b）正攀移；（c）负攀移

刃型位错的攀移可通过物质迁移即原子或空位的扩散来实现。如果有空位迁移到半原子面下端或半原子面下端的原子扩散到其他位置，半原子面缩小，即刃型位错向上运动，则称为发生正攀移。反之，若有原子扩散到半原子面下端，半原子面扩大，位错向下运动，发生负攀移。螺型位错没有多余的半原子面，因此不会发生攀移运动。

位错的攀移是靠晶体中的空位或间隙原子的扩散实现的。由于在室温或低温下间隙原子或空位的扩散速度很慢，位错的攀移运动一般在较高的温度下进行。

整个多余半原子面的运动是十分困难的，因此位错的攀移是逐步实现的。如图 2-17 所示，在位错线上首先形成割阶，然后割阶沿着位错线移动，引起多余半原子面向上运动，发生正攀移。

图 2-17　刃型位错的攀移过程

位错攀移的驱动力可分为弹性力和渗透力。当晶体在垂直于多余半原子面的方向受到正应力的作用时，晶体体积会发生变化，从而促进位错的攀移运动。如多余半原子面位于滑移面上方，当正应力为压应力时，晶体体积缩小，促使位错发生正攀移；当正应力为拉应力时，晶体体积膨胀，促使位错做负攀移运动。

当晶体中的实际空位浓度大于晶体的平衡空位浓度时，空位将向位错线附近渗透，使位错发生正攀移。当晶体中的实际空位浓度小于晶体的平衡空位浓度时，则空位容易离开位错线，使位错产生负攀移。因此，晶体中的不平衡空位浓度会促进位错的攀移运动，是攀移运动的驱动力，这种力称为渗透力。

2.5.3　位错运动与宏观应变的关系

考虑一体积为 hld 的晶体，设它仅含平行的刃型位错（图 2-18）。在外加切应力下，正刃型位错向右运动，负刃型位错向左运动。运动的结果是晶体的顶面相对于底面产生位移 D。如果一根位错完全扫过滑移面（距离为 d），则对位移的贡献为 b。

设第 i 个位错走过距离 x_i，则它对位移 D 的贡献为 $(x_i/d)b$。如果运动位错的数目是 N，则顶面相对于底面的总位移为

$$D = \frac{b}{d} \sum_{i=1}^{N} x_i \qquad (2\text{-}17)$$

若将 $\bar{x}$ 视为一根位错移动的平均距离，上式中的加和项可简化为 $N\bar{x}$。

宏观塑性切应变　$\gamma_p = \dfrac{D}{h}$

运动位错密度　$\rho_m = \dfrac{Nl}{hld} = \dfrac{N}{hd}$

则有
$$\gamma_p = b\rho_m \bar{x} \qquad (2\text{-}18)$$

应变速率
$$\dot{\gamma}_p = \frac{d\gamma_p}{dt} = b\rho_m \bar{v} \qquad (2\text{-}19)$$

图 2-18　位错滑动与宏观塑性
变形关系

式中　$\bar{v}$——位错平均滑动速度。

上述关系式对螺型位错和混合位错也是适用的。

2.6　位错在应力场中的受力

晶体的滑移是由位错沿滑移面的运动引起的。在切应力的作用下，晶体内部发生位错的移动，从而发生滑移。

假设将位错看成是一条实体线，则位错的运动就可以看成是在位错线上作用一个力的结果。应用虚功原理，可求得这个"作用在位错上的力"。

设在一晶体中，面积为 A 的滑移面上有一柏氏矢量为 $\boldsymbol{b}$、长度为 l 的刃型位错，在切应力的作用下，在滑移面上移动了 ds 的距离，结果使晶体沿滑移面产生了 $\boldsymbol{b}$ 的滑移，如图 2-19 所示。

此时切应力所做的功为：
$$dW = (\tau dA) \cdot b = \tau l ds \cdot b \qquad (2\text{-}20)$$

此功也相当于作用在位错上的力使位错线移动 ds 距离所做的功，即

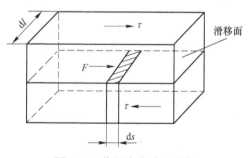

图 2-19　作用在位错上的力

$$dW = Fdl \cdot ds$$

两部分功相等，则

$$F = \tau b \qquad (2\text{-}21)$$

式中，F 表示单位长度位错线上的受力，大小为 τb，方向垂直于位错线。

若晶体中有单位长度的位错线 dl，其柏氏矢量为 $\boldsymbol{b}$，在应力场 σ 的作用下，位错移动 ds 距离，柏氏矢量写作：

$$\boldsymbol{b} = b_x \boldsymbol{i} + b_y \boldsymbol{j} + b_z \boldsymbol{k}$$

将应力场 σ 写成：

$$\sigma = \begin{pmatrix} \sigma_{xx} & \tau_{xy} & \tau_{xz} \\ \tau_{yx} & \sigma_{yy} & \tau_{yz} \\ \tau_{zx} & \tau_{zy} & \sigma_{zz} \end{pmatrix}$$

则位错受力的一般表达式为：

$$\boldsymbol{F} = (b_x \quad b_y \quad b_z)\begin{pmatrix} \sigma_{xx} & \tau_{xy} & \tau_{xz} \\ \tau_{yx} & \sigma_{yy} & \tau_{yz} \\ \tau_{zx} & \tau_{zy} & \sigma_{zz} \end{pmatrix}\begin{pmatrix} \boldsymbol{i} \\ \boldsymbol{j} \\ \boldsymbol{k} \end{pmatrix} \times \mathrm{d}\boldsymbol{l} \tag{2-22}$$

将其展开可得：

$$\boldsymbol{F} = \left[(\sigma_{xx}b_x + \tau_{xy}b_y + \tau_{xz}b_z)\boldsymbol{i} + (\tau_{xy}b_x + \sigma_{yy}b_y + \tau_{zy}b_z)\boldsymbol{j} + (\tau_{xz}b_x + \tau_{yz}b_y + \sigma_{zz}b_z)\boldsymbol{k}\right] \times \mathrm{d}\boldsymbol{l} \tag{2-23}$$

上式为位错受力的一般表达式。

例 2-1 如图 2-20 所示，晶体中有一位错环 $ABCD$，柏氏矢量为 $\boldsymbol{b}$，求在切应力作用下各段位错线的受力。

解：首先设位错环的正方向如图上箭头所示，然后按照位错受力的一般表达式可求出各段位错受力。

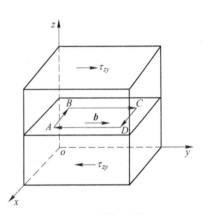

图 2-20 位错环受力

外加应力场为：$\sigma = \begin{vmatrix} 0 & 0 & 0 \\ 0 & 0 & \tau_{yz} \\ 0 & \tau_{zy} & 0 \end{vmatrix}$

柏氏矢量为：$\boldsymbol{b} = (0 \quad b_y \quad 0)$

$$\boldsymbol{F}_{AB} = (0 \quad b_y \quad 0)\begin{pmatrix} 0 & 0 & 0 \\ 0 & 0 & \tau_{yz} \\ 0 & \tau_{zy} & 0 \end{pmatrix}\begin{pmatrix} \boldsymbol{i} \\ \boldsymbol{j} \\ \boldsymbol{k} \end{pmatrix} \times (-\boldsymbol{i})$$

$$= b_y\tau_{yz}\boldsymbol{k} \times (-\boldsymbol{i}) = -\tau_{yz}b_y\boldsymbol{j}$$

$$\boldsymbol{F}_{BC} = (0 \quad b_y \quad 0)\begin{pmatrix} 0 & 0 & 0 \\ 0 & 0 & \tau_{yz} \\ 0 & \tau_{zy} & 0 \end{pmatrix}\begin{pmatrix} \boldsymbol{i} \\ \boldsymbol{j} \\ \boldsymbol{k} \end{pmatrix} \times \boldsymbol{j}$$

$$= \tau_{yz}b_y\boldsymbol{k} \times \boldsymbol{j} = -\tau_{yz}b_y\boldsymbol{i}$$

同理可得：

$$\boldsymbol{F}_{CD} = \tau_{yz}b_y\boldsymbol{j}$$
$$\boldsymbol{F}_{DA} = \tau_{yz}b_y\boldsymbol{i}$$

可见，刃型、螺型位错均受力，在 τ 的作用下，位错环在滑移面上滑移，其结果是位错环扩大，滑出表面。

2.7　位错间的相互作用力

晶体中的位错周围存在应力场。当两个位错之间的距离达到彼此的应力场作用范围时，两者之间会发生相互作用。在求两个位错间的相互作用力时，一般是求一个位错的弹性应力场对另一个位错所产生的作用力。

2.7.1 两个螺型位错间的相互作用力

2.7.1.1 平行的螺型位错间的交互作用

如图 2-21 所示，设有两个平行的螺型位错 A、B，其柏氏矢量分别为 b_A、b_B，位错线平行于 z 轴。

由式（2-9）可知螺型位错的应力场为：

$$\tau_{xz} = -\frac{Gb}{2\pi}\frac{y}{x^2 + y^2}$$

$$\tau_{yz} = \frac{Gb}{2\pi}\frac{x}{x^2 + y^2}$$

$$\sigma_{xx} = \sigma_{yy} = \sigma_{zz} = \tau_{xy} = \tau_{yx} = 0$$

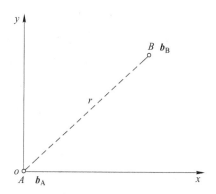

图 2-21 两平行螺型位错间的相互作用力

位错 A 的应力场为：$\sigma_A = \begin{pmatrix} 0 & 0 & \tau_{xz} \\ 0 & 0 & \tau_{yz} \\ \tau_{zx} & \tau_{zy} & 0 \end{pmatrix}$

B 位错的柏氏矢量为：$b_B = (0 \quad 0 \quad b_B)$

B 位错的单位位错线长为：k

因此，A、B 两位错间的相互作用力为：

$$F_{AB} = (0 \quad 0 \quad b_B)\begin{pmatrix} 0 & 0 & \tau_{xz} \\ 0 & 0 & \tau_{yz} \\ \tau_{zx} & \tau_{zy} & 0 \end{pmatrix}\begin{pmatrix} i \\ j \\ k \end{pmatrix} \times k$$

展开得：$F_{AB} = b_B\tau_{zx}i \times k + b_B\tau_{zy}j \times k = -b_B\tau_{zx}j + b_B\tau_{zy}i = F_y + F_x$

$$F_x = b_B\tau_{zy}i = b_B\frac{Gb_A}{2\pi}\frac{x}{x^2 + y^2}i = \frac{Gb_Ab_B}{2\pi}\frac{x}{x^2 + y^2}i$$

$$F_y = -b_B\tau_{zx}j = b_B\frac{Gb_A}{2\pi}\frac{y}{x^2 + y^2}j = \frac{Gb_Ab_B}{2\pi}\frac{y}{x^2 + y^2}j$$

$$F_{AB} = F_x + F_y$$

$$F_{AB} = \frac{Gb_Ab_B}{2\pi}\frac{r}{r^2} \tag{2-24}$$

（r 为两位错之间的距离）

由式（2-24）可见，两平行螺型位错的相互作用力，其大小与两位错的强度的乘积成正比，与两位错间的距离成反比。其方向沿径向 r 垂直于所作用的位错线。当 b_A 和 b_B 同向时，$F_{AB} > 0$，即两同号平行螺型位错相互排斥；而当 b_A 和 b_B 反向时，$F_{AB} < 0$，即两异号平行螺型位错相互吸引。

2.7.1.2 两垂直螺型位错间的相互作用力

设有两个相互垂直的螺型位错 M、N，其柏氏矢量分别为 b_M、b_N（见图 2-22）。

位错 M 的应力场为：$\sigma_{\mathrm{M}} = \begin{pmatrix} 0 & 0 & \tau_{xz} \\ 0 & 0 & \tau_{yz} \\ \tau_{zx} & \tau_{zy} & 0 \end{pmatrix}$；

位错 N 的柏氏矢量为：$\boldsymbol{b}_{\mathrm{N}} = (b_{\mathrm{N}} \quad 0 \quad 0)$

位错 N 的单位位错线长为：$\boldsymbol{i}$

M、N 两位错间的相互作用力为：

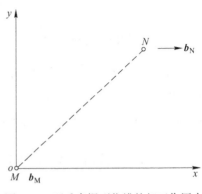

图 2-22　两垂直螺型位错的相互作用力

$$\boldsymbol{F}_{\mathrm{MN}} = (b_{\mathrm{N}} \quad 0 \quad 0) \begin{pmatrix} 0 & 0 & \tau_{xz} \\ 0 & 0 & \tau_{yz} \\ \tau_{zx} & \tau_{zy} & 0 \end{pmatrix} \begin{pmatrix} \boldsymbol{i} \\ \boldsymbol{j} \\ \boldsymbol{k} \end{pmatrix} \times \boldsymbol{i}$$

$$= b_{\mathrm{N}} \tau_{xz} \boldsymbol{k} \times \boldsymbol{i} = b_{\mathrm{N}} \tau_{xz} \boldsymbol{j}$$

$$= -\frac{Gb_{\mathrm{M}}b_{\mathrm{N}}}{2\pi} \frac{y}{x^2 + y^2} \boldsymbol{j} \tag{2-25}$$

由式（2-25）可知：当 $\boldsymbol{b}_{\mathrm{N}}$ 与 $\boldsymbol{b}_{\mathrm{M}}$ 同向时，$\boldsymbol{F}_{\mathrm{MN}} < 0$，即两同号相互垂直的螺型位错相互吸引；当 $\boldsymbol{b}_{\mathrm{N}}$ 与 $\boldsymbol{b}_{\mathrm{M}}$ 反向时，$\boldsymbol{F}_{\mathrm{MN}} > 0$，即两异号相互垂直的螺型位错相互排斥。

2.7.2　两平行刃型位错间的相互作用力

设有两平行的刃型位错 A、B，其柏氏矢量分别为 $\boldsymbol{b}_{\mathrm{A}}$ 和 $\boldsymbol{b}_{\mathrm{B}}$（图 2-23）。

位错 A 的应力场为：$\sigma_{\mathrm{A}} = \begin{pmatrix} \sigma_{xx} & \tau_{xy} & 0 \\ \tau_{yx} & \sigma_{yy} & 0 \\ 0 & 0 & \sigma_{zz} \end{pmatrix}$

位错 B 的柏氏矢量为：$\boldsymbol{b}_{\mathrm{B}} = (b_{\mathrm{B}} \quad 0 \quad 0)$

位错 B 的单位位错线长为：$\boldsymbol{k}$

两位错间的相互作用力为：

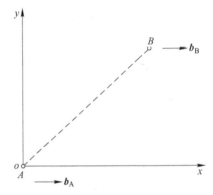

图 2-23　两平行刃型位错间的相互作用力

$$\boldsymbol{F}_{\mathrm{AB}} = (b_{\mathrm{B}} \quad 0 \quad 0) \begin{pmatrix} \sigma_{xx} & \tau_{xy} & 0 \\ \tau_{yx} & \sigma_{yy} & 0 \\ 0 & 0 & \sigma_{zz} \end{pmatrix} \begin{pmatrix} \boldsymbol{i} \\ \boldsymbol{j} \\ \boldsymbol{k} \end{pmatrix} \times \boldsymbol{k}$$

$$= b_{\mathrm{B}} \sigma_{xx} \boldsymbol{i} \times \boldsymbol{k} + b_{\mathrm{B}} \tau_{xy} \boldsymbol{j} \times \boldsymbol{k}$$

$$= -b_{\mathrm{B}} \sigma_{xx} \boldsymbol{j} + b_{\mathrm{B}} \tau_{xy} \boldsymbol{i} \tag{2-26}$$

$$= \boldsymbol{F}_y + \boldsymbol{F}_x$$

$$\boldsymbol{F}_x = b_{\mathrm{B}} \tau_{xy} \boldsymbol{i} = \frac{Gb_{\mathrm{A}}b_{\mathrm{B}}}{2\pi(1-\nu)} \frac{x(x^2 - y^2)}{(x^2 + y^2)^2} \boldsymbol{i} \tag{2-27}$$

$$\boldsymbol{F}_y = -b_{\mathrm{B}} \sigma_{xx} \boldsymbol{j} = \frac{Gb_{\mathrm{A}}b_{\mathrm{B}}}{2\pi(1-\nu)} \frac{y(3x^2 + y^2)}{(x^2 + y^2)^2} \boldsymbol{j} \tag{2-28}$$

（1）对于两个平行的刃型位错，$\boldsymbol{F}_x$ 为导致 B 位错沿 x 轴方向滑移的力，而 $\boldsymbol{F}_y$ 是使 B 位错沿 y 轴攀移的力。滑移力 $\boldsymbol{F}_x$ 随位错 B 所处的位置而变化，其交互作用示于图 2-24（a）。

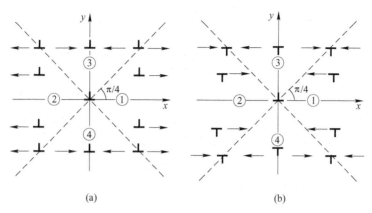

图 2-24 两刃型位错在 x 轴方向上的相互作用

(a) 同号位错；(b) 异号位错

由图可见：

当 $|x| > |y|$ 时，若 $x > 0$，则 $F_x > 0$；若 $x < 0$，则 $F_x < 0$。这说明当 B 位错位于图 2-24（a）中的①、②区间时，两位错相互排斥。

当 $|x| < |y|$ 时，若 $x > 0$，则 $F_x < 0$；若 $x < 0$，则 $F_x > 0$。这说明当 B 位错位于图 2-24（a）中的③、④区间时，两位错相互吸引。

当 $|x| = |y|$ 时，则 $F_x = 0$，位错 B 处于介稳定平衡位置，一旦偏离此位置就会受到位错 A 的吸引或排斥，使它偏离平衡位置。

当 $x = 0$ 时，$F_x = 0$，位错 B 处于稳定平衡位置，一旦偏离此位置就会受到 A 位错的吸引而回到原始位置。

当 $y = 0$ 时，若 $x > 0$，则 $F_x > 0$；若 $x < 0$，则 $F_x < 0$。这说明处于同一滑移面上的同号刃型位错总是相互排斥的。

对于攀移力，由于与 y 同号，当位错 B 在位错 A 的滑移面上方时，受到的攀移力是正值，即指向上；当位错 B 在位错 A 的滑移面下方时，受到的攀移力是负值，即指向下。因此，两位错沿 y 轴方向是互相排斥的。

（2）对于两个异号的刃型位错，它们之间的交互作用力 F_x、F_y 的方向与上述同号位错时的情形相反，且位错 B 的稳定平衡位置和介稳定平衡位置与两位错同号时恰好相反，$|x| = |y|$ 时，B 位错处于稳定位置，如图 2-24（b）所示。

对于异号位错的 F_y，由于它与 y 异号，所以沿 y 轴方向的两异号位错总是相互吸引。

2.7.3 螺型位错和刃型位错间的相互作用力

图 2-25 示出了螺型位错与刃型位错互相垂直时的交互作用。设 M 为螺型位错，N 为刃型位错，其柏氏矢量分别为 $\boldsymbol{b}_M$ 和 $\boldsymbol{b}_N$。位错 M 与 z 轴重合，N 在距 z 轴 $y = d$ 的平面内，M、N 两条位错线的正方向分别与 z 轴和 x 轴相同。

按位错受力公式和螺型位错应力场公式可以

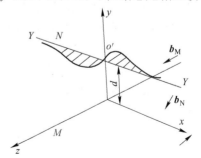

图 2-25 螺型位错与刃型位错的交互作用

求得螺型位错 M 对刃型位错 N 的作用力为：

$$F_{MN} = -\frac{Gb_M b_N}{2\pi}\frac{x}{x^2 + d^2}k \qquad (2\text{-}29)$$

从该式可知，当螺型位错与刃型位错垂直时，螺型位错对刃型位错的作用力是沿 x 轴变化的。N 位错线上距离螺型位错 M 最近处 $(x\to0)$，受力最大，在逐渐远离 M 的点其受力逐渐减小。在 $x>0$ 的刃型位错线上受力方向与 z 轴方向相反，在 $x<0$ 的刃型位错线上其受力方向为 z 轴方向。因此 N 刃型位错在 F_{MN} 作用下，会在 $y=d$ 的平面内发生以 o' 点对称的扭曲。

另外，在互相平行的螺型位错与刃型位错之间，由于两者的柏氏矢量互相垂直，各自的应力场均没有使对方受力的应力分量，故彼此不发生作用。

2.8　位错与溶质原子的交互作用

位错与溶质原子的交互作用主要有弹性的、化学的、电学的和几何的 4 种交互作用，其中弹性交互作用最为重要。溶质原子和位错周围都存在点阵畸变，产生应力场。位错与溶质原子的弹性交互作用是通过它们的应力场而发生作用的，其结果是当它们靠近时，总畸变能减少，从而使系统的总能量降低。

2.8.1　柯氏气团

晶体中的点缺陷大多呈近似球面对称，处于三向拉伸或三向压缩状态，因此它们的应力场中一般没有切应力。点缺陷主要与刃型位错发生交互作用：间隙溶质原子或原子半径大于溶剂的置换型原子的应力场是压应力，与正刃型位错的上半部分的应力相同，两者相互排斥；与刃型位错下半部分的应力相反，因而相互吸引。因此，这些点缺陷大多易被吸引到正刃型位错的下半部分，或在负刃型位错的上半部分聚集；相反地，原子半径小于溶剂的置换型原子大多易于聚集在刃型位错的压应力区。位错与溶质原子的交互作用引起溶质原子向位错线聚集，形成的溶质原子气团称为柯垂耳气团或简称为柯氏气团。溶质原子气团使位错处于更加稳定的状态，即有钉扎位错的作用。用柯氏气团可以解释低碳钢拉伸时出现上下屈服点现象。

2.8.2　斯诺克气团

螺型位错应力场中没有正应力分量，如溶质原子周围的畸变完全呈球面对称，螺型位错和溶质之间无交互作用能。而当溶质原子周围的点阵畸变并非完全球面对称，螺型位错与溶质原子也有交互作用。在螺型位错的切应力作用下，位错附近的溶质原子会向相互作用能最低的位置移动，使得溶质原子呈有序分布，这就是斯诺克效应。位错周围溶质原子的这种有序分布称为斯诺克气团。和柯垂耳气团不同，形成斯诺克气团时溶质原子只需跳动不超过一个点阵间距的距离，不需要长程扩散，因此可在较短的时间内即可完成。斯诺克气团对位错滑移运动的钉扎作用和柯垂耳气团同样强烈。

2.9　位错的交割

当一位错在其滑移面上运动时，会与穿过滑移面的其他位错交割。在两个位错发生交割时，有时会形成曲折线段。若形成的曲折线段在位错的滑移面上时，称为扭折；若该曲折线段垂直于位错的滑移面时，称为割阶。割阶对材料的强化可起到重要的作用。

2.9.1 两个柏氏矢量互相垂直的刃型位错交割

如图 2-26 所示，柏氏矢量为 $\boldsymbol{b}_1$ 的刃型位错 XY 和柏氏矢量为 $\boldsymbol{b}_2$ 的刃型位错 AB 分别位于两个垂直的平面 P_{XY}、P_{AB} 上。若 XY 向下运动时与 AB 交割，当 XY 扫过后，滑移面 P_{XY} 两侧的晶体会发生相对位移，其距离应为 XY 的柏氏矢量的模 $|\boldsymbol{b}_1|$。因此，在两条位错线发生交割后，在位错线 AB 上产生小台阶 PP'，其大小和方向取决于 $\boldsymbol{b}_1$。由于位错柏氏矢量的守恒性，PP' 的柏氏矢量仍为 $\boldsymbol{b}_2$，$\boldsymbol{b}_2$ 垂直于 PP'，因此 PP' 是刃型位错。由于它不在原位错线的滑移面上，故是割阶。由于位错 XY 平行于 $\boldsymbol{b}_2$，因此交割后不会在 XY 上形成曲折线段。

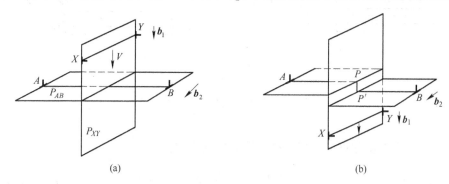

图 2-26 柏氏矢量垂直的刃型位错间的交割
（a）交割前；（b）交割后

2.9.2 两个柏氏矢量互相平行的刃型位错交割

如图 2-27 所示，柏氏矢量为 $\boldsymbol{b}_1$ 的刃型位错 XY 和柏氏矢量为 $\boldsymbol{b}_2$ 的刃型位错 AB 分别位于两垂直的平面 P_{XY}、P_{AB} 上，柏氏矢量 $\boldsymbol{b}_1$ 与 $\boldsymbol{b}_2$ 相互平行。两位错交割后，在 AB 和 XY 位错线上分别出现平行于 $\boldsymbol{b}_1$、$\boldsymbol{b}_2$ 的 PP'、QQ' 台阶。它们均为螺型位错，滑移面和原位错的滑移面一致，称为扭折。在运动过程中，这些扭折在线张力的作用下可能被拉直。

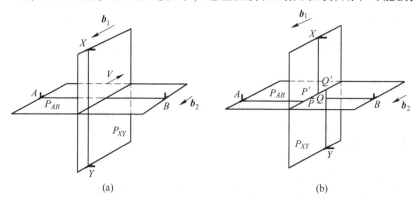

图 2-27 柏氏矢量平行的刃型位错间的交割
（a）交割前；（b）交割后

2.9.3　两个柏氏矢量相互垂直的螺型位错交割

如图 2-28 所示，两螺型位错 AA' 和 BB' 发生交割后，在 AA' 上形成大小等于 $|b_2|$，方向平行于 b_2 的割阶 MM'，其柏氏矢量为 b_1，滑移面不在 AA' 的滑移面上，是刃型割阶。同样，在 BB' 上也形成一刃型割阶 NN'。这些割阶将阻碍螺型位错的运动。

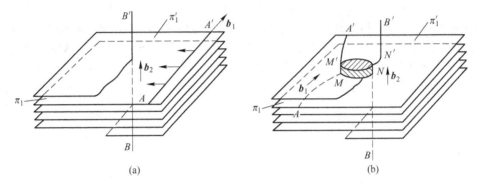

图 2-28　柏氏矢量垂直的螺型位错间的交割

（a）交割前；（b）交割后

2.9.4　两个柏氏矢量垂直的刃型位错和螺型位错的交割

如图 2-29 所示，刃型位错 AA' 和螺型位错 BB' 发生交割后，在 AA' 上形成大小等于 $|b_2|$ 且方向平行于 b_2 的割阶 MM'，其柏氏矢量为 b_1，其滑移面与原刃型位错 AA' 的滑移面不同，因而是割阶。同样，交割后在螺型位错 BB' 上也形成长度等于 $|b_1|$ 的一段折线 NN'，它垂直于 b_1，是刃型位错，NN' 位于螺型位错 BB' 的滑移面上，故是扭折。

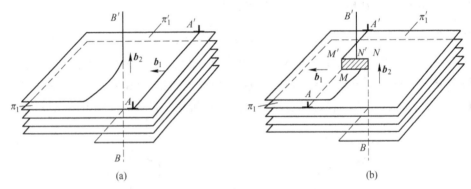

图 2-29　刃型位错和螺型位错交割产生割阶

（a）交割前；（b）交割后

2.9.5　带割阶位错的运动

在滑移过程中，一条位错线可能会与许多位错交割，则在该位错线上会形成许多割阶。带割阶位错的运动，按割阶高度的不同可分为以下几种类型：

2.9.5.1　小割阶

小割阶的高度一般只有 1~2 个原子间距。图 2-30 示出了带割阶的螺型位错的运动。

一螺型位错在滑移面上与其他位错交割，如在位错线产生一些割阶，异号割阶可通过运动相互对消，同号割阶相互排斥，各自保持一定距离，如图 2-30（a）所示。当滑移面上受切应力作用时，这些割阶可钉扎螺型位错的运动，使位错线发生弯曲（图 2-30（b）），继续增加滑移面上的切应力，可克服弯曲位错线的向心恢复力，使弯曲的位错线不断向前扩展。当切应力增加至一定程度，螺型位错可拖着割阶向前一起运动，但在割阶后面留下一串空位，如图 2-30（c）所示。

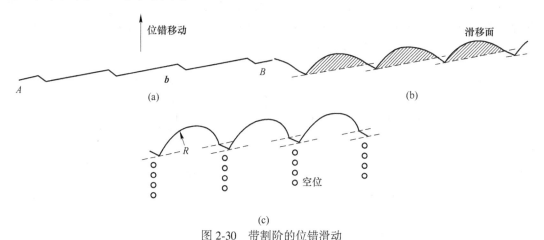

图 2-30 带割阶的位错滑动

（a）带割阶的位错；（b）在外力作用下位错在滑移面弯曲；

（c）位错滑动，在割阶后留下一串空位（或间隙原子）

2.9.5.2 中割阶

中割阶的高度一般从几个原子间距到二十几个原子间距，此时位错不能拖着割阶一起运动。在外加切应力的作用下，割阶不动，但位错线的其他部分向前运动，位错线与割阶连接点 O、P 被拉长，形成两条符号相反的刃型位错线 OO' 与 PP'，称为位错偶，如图 2-31 所示。为降低应变能，这种位错偶常会断开，留下一个长的位错环，而位错线仍回复到原来带割阶的状态，长的位错环又会进一步分离成小的位错环。

2.9.5.3 大割阶

大割阶的高度一般为 20 个原子间距以上，对位错的钉扎更加明显。此时割阶两端的位错相隔较远，它们之间的相互作用不显著，可以独立地在各自的滑移面上滑移，并以割阶为轴，在滑移面上旋转（图 2-32）。

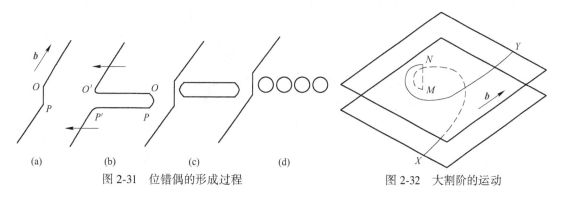

图 2-31 位错偶的形成过程   图 2-32 大割阶的运动

2.10　位错的增殖与塞积

2.10.1　位错的增殖

在塑性变形的过程中，位错不断逸出表面，似乎晶体中的位错密度应该不断降低。但是实际上材料经塑性变形后，其位错密度是增加的。因此，在塑性变形过程中存在位错的增殖。最主要的位错增殖机制是双轴位错增殖机制，由弗兰克（Frank）和瑞德（Read）首先提出，所以又称为弗兰克-瑞德（F-R）位错源，如图 2-33 所示。

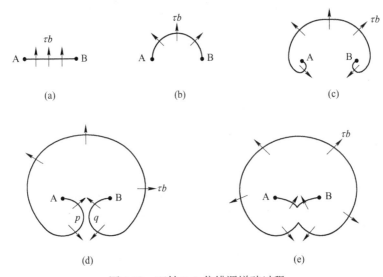

图 2-33　双轴 F-R 位错源增殖过程

若某一滑移面上有一段刃型位错 *AB*，它的两端被位错网的节点钉扎，不能运动（图 2-33（a））。施加一切应力，其方向与位错线的柏氏矢量相同。由于位错两端固定，位错线只能发生弯曲（图 2-33（b））。单位长度位错线所受的滑移力 $F = \tau b$，与位错线垂直。弯曲的位错线每一段都受到 τb 的作用，沿法线方向向外扩展，如图 2-33（c）所示。两端分别绕结点 *A* 和 *B* 发生回转后，逐渐靠近，而这靠近的两段位错线均与柏氏矢量平行，为符号相反的螺型位错（图 2-33（d））。它们相遇后互相抵消，形成一闭合的位错环和位错环内的一小段弯曲的位错线（图 2-33（e））。当外加应力继续作用时，位错环继续向外扩张，同时环内弯曲的位错线在线张力的作用下被拉直。在切应力的作用下，这个过程会循环进行，从而使位错发生增殖。图 2-34 所示为 Si 单晶中的 F-R 源。

由位错线张力与外力的平衡关系可求得F-R

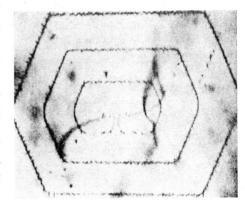

图 2-34　Si 单晶中的 F-R 源

源开动的最小应力：

$$\tau b = \frac{T}{r} = \frac{\alpha G b^2}{r}$$

得

$$\tau = \frac{\alpha G b}{r}$$

(2-30)

即，弯曲半径 r 与外力 τ 成反比。当位错弯曲成半圆时，r 最小，τ 最大。

近似地取 $\alpha = 0.5$ 时，$\tau = \frac{Gb}{2r}$；若两固定点间距离为 l，则半圆时 $l \approx 2r$，$\tau = \frac{Gb}{l}$。

在双交滑移过程中，也可以产生位错增殖，如图 2-35 所示。螺型位错经双交滑移后可形成刃型割阶，此割阶不在滑移面上，因此不能随着原位错线运动，相当于对位错产生一种钉扎作用，使原来的位错在滑移面上滑移时成为一个弗兰克-瑞德源。

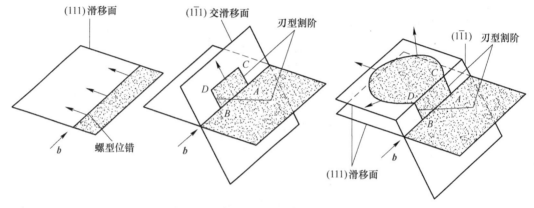

图 2-35　螺型位错通过双交滑移增殖

例 2-2　如果进行双交滑移的那部分螺型位错的长度为 100nm，位错的柏氏矢量为 0.2nm，试求实现位错增殖所需的切应力（$G = 4$GPa）。

解：螺型位错受的向心恢复力为

$$f = \frac{0.5Gb}{r} = \frac{0.5 \times 4 \times 0.2}{100} = 4\text{GPa}$$

实现位错增殖所需的切应力即为需要克服的向心恢复力。

2.10.2　位错的塞积

如滑移面上有一位错源，产生一系列位错，在切应力 τ_0 的作用下运动。当位错遇到晶界等障碍时，塞积在障碍前形成的位错系列，称为位错塞积群，如图 2-36 所示。

在塞积群中，每个位错都受两个力的作用而处于平衡状态，一个是外加切应力 τ_0 的作用，另一个是其他位错应力场的作用。因同号位错在同一滑移面上互相排斥，所以塞积群中的位错排列具有一定的规律。

一般情况下，障碍只对领先位错发生作用，塞积群中的任一个位错只受外力和其他位错的应力场作用。

第 i 个位错的应力场对 j 位错沿 x 轴负方向的作用力为：

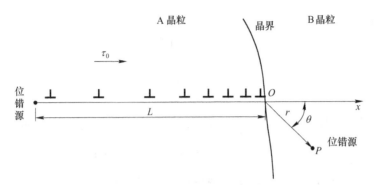

图 2-36　位错塞积群示意图

$$F_{ij} = \frac{Gb^2}{2\pi(1-\nu)} \frac{1}{x_j - x_i} \qquad (2\text{-}31)$$

所有位错对 j 位错的作用力之和为：

$$F_{\text{总}} = \frac{Gb^2}{2\pi(1-\nu)} \sum_{\substack{i=1 \\ i \neq j}}^{n} \frac{1}{x_j - x_i} \qquad (2\text{-}32)$$

平衡时，j 位错所受的作用力之和为零：

$$F_j = \tau_0 b - \frac{Gb^2}{2\pi(1-\nu)} \sum_{\substack{i=1 \\ i \neq j}}^{n} \frac{1}{x_j - x_i} = 0 \qquad (2\text{-}33)$$

令 $D = \dfrac{Gb}{2\pi(1-\nu)}$，则

$$\frac{\tau_0}{D} = \sum_{\substack{i=1 \\ i \neq j}}^{n} \frac{1}{x_j - x_i} \qquad (2\text{-}34)$$

解方程（2-34）可求出塞积群中各位错的位置，可通过求近似解的方式求得。当 n 很大时，

$$x_i = \frac{D\pi^2}{8n\tau_0}(i-1)^2 \qquad (2\text{-}35)$$

式（2-35）表明，各位错的位置 x_i 与 $(i-1)^2$ 成正比，因此位错在塞积群中排列是不均匀的，越靠近障碍，排列越密，这与实际观测结果相符。不锈钢中界面前塞积的位错如图 2-37 所示。

将第 n 个位错的位置 x_n 近似地看成塞积群的总长度，用 L 表示。

$$L \approx x_n = D\frac{\pi^2 n}{8\tau_0} \approx 2D\frac{n}{\tau_0} \quad (2\text{-}36)$$

式中，对于刃型位错，$D = \dfrac{Gb}{2\pi(1-\nu)}$；

对于螺型位错，$D = \dfrac{Gb}{2\pi}$。

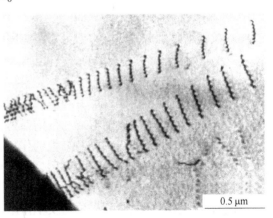

0.5 μm

图 2-37　不锈钢中界面前的位错塞积

在长度为 L 的塞积群中的位错数目为：

$$n = \frac{\tau_0 L}{2D} \tag{2-37}$$

式（2-37）说明，位错塞积群中的位错个数与外加切应力和位错源至障碍物的距离 L 成正比。受到 τ_0 的作用，位错源会不断放出位错，使塞积群中的位错数目逐渐增多。当滑移面上的位错达到一定数目时，要想位错连续不断地增殖，必须不断地增加外加切应力 τ_0。

塞积群不仅对位错源有抑制作用，对障碍物也有作用。可用虚功原理估算塞积群对障碍物的作用力。设在外加切应力作用下领先位错向障碍物方向移动了 δx，由于整个塞积群要保持平衡，则每个位错也移动 δx。因此，外力对塞积群做的功为 $\tau_0 n b \cdot \delta x$。由于障碍物只对领先位错起作用，设施加在领先位错的切应力为 τ，当领先位错移动 δx 时，障碍物这一反作用力做功为 $\tau b \cdot \delta x$。上述两种功应相等，故

$$\tau = n\tau_0 \tag{2-38}$$

式（2-38）表明，塞积群在障碍物处产生了很大的应力集中，应力为外加应力的 n 倍。这种应力集中可使领先位错前端的相邻晶粒内的位错源开动，当应力集中大到一定程度时，可能会在界面形成裂纹。

2.11　金属晶体中的位错

简单立方晶体中位错的柏氏矢量 b 总是等于点阵矢量。但是在实际晶体中，位错的柏氏矢量 b 除了等于点阵矢量外，还可能小于或大于点阵矢量。通常将柏氏矢量等于单位点阵矢量的位错称为"单位位错"，将柏氏矢量等于点阵矢量或其整数倍的位错称为"全位错"。把柏氏矢量不等于点阵矢量或其整数倍的位错称为"不全位错"。

在实际晶体结构中，位错的柏氏矢量不是任意的，位错的柏氏矢量必须是从一个原子平衡位置指向另一个原子平衡位置。由于位错的能量正比于 b^2，因此 b 越小，位错越稳定。

2.11.1　位错反应

位错在一定的条件下可以发生合并或分解，即具有不同柏氏矢量的位错线可以合并为一条位错线，一条位错线也可以分解为两条或更多具有不同柏氏矢量的位错线。位错的分解与合并称为位错反应。

位错反应必须满足两个条件：

（1）几何条件：根据柏氏矢量的守恒性，反应前后各位错的柏氏矢量之和相等，即 $\sum b_{前} = \sum b_{后}$。

（2）能量条件：从系统的能量方面要求，位错反应必须是一个伴随着能量降低的过程。由于位错的应变能正比于其柏氏矢量的平方，反应后各位错的能量之和应小于反应前各位错的能量之和，即 $\sum b_{前}^2 > \sum b_{后}^2$。

2.11.2　堆垛层错

图 2-38 是面心立方金属密排面（111）的堆垛示意图。在面心立方晶胞中，如果考虑

A、B、C 三个相邻的（111）面上的原子分布，图 2-38（a）、（b）、（c）三图则分别表示了 A 层、AB 两层与 ABC 三层原子面的堆垛情况。如果把原子中心投影到（111）面，三个相邻面上的原子中心在（111）面上的投影位置并不相同。由于晶体点阵的对称性和周期性，面心立方晶体（111）密排面上的原子在该面上的投影位置是按 A、B、C 三个原子面的原子投影位置周期变化的，可记为：

$$ABCABCA……$$

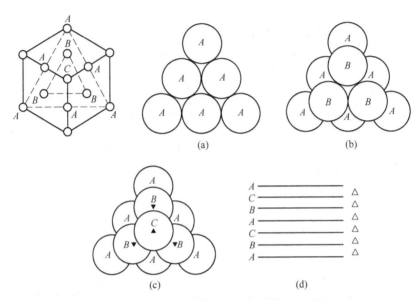

图 2-38　面心立方晶体中（111）面的正常堆垛

如果用记号△表示原子面以 AB、BC、CA……顺序堆垛，则面心立方晶体密排面的正常堆垛可以表示为：△△△△△，如图 2-38（d）所示。

密排六方晶格密排面（0001）的正常堆垛为（图 2-39）：

$$ABAB……$$

如果用记号▽表示原子面是以 BA、CB、AC……顺序堆垛，则密排六方晶格的密排面的正常堆垛顺序可以表示为：△▽△▽△▽……。

当晶体的正常堆垛顺序发生错误，称出现了堆垛层错，简称层错。图 2-40 表示面心立方晶体形成堆垛层错的方式。若将正常堆垛顺序变成 $ABC↑BCA$……（即△△▽△△

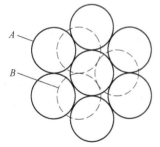

图 2-39　密排六方晶体中
密排面的刚球模型

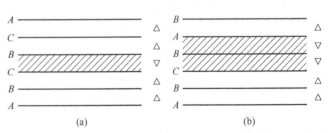

图 2-40　面心立方晶体中的堆垛层错
（a）抽出型；（b）插入型

……），其中箭头所指相当于抽出一层原子面（A 层），故称为抽出型层错，如图 2-40（a）所示。若在正常堆垛顺序中插入一层原子面（B 层），可表示为 $ABC \uparrow B \uparrow ABC$……（即 $\triangle\triangle\triangledown\triangledown\triangle\triangle$……），其中箭头所指的为插入 B 层后所引起的两层错排，称为插入型层错，如图 2-40（b）所示。

层错的形成会使晶体的能量有所增加，增加的能量称为层错能。层错能越高，则出现层错的几率越小。

2.11.3 不全位错

2.11.3.1 肖克莱不全位错

图 2-41 示出了肖克莱不全位错的结构。图面代表（$10\bar{1}$）面，密排面（111）垂直于图面。图中右边晶体按 $ABCABC$……正常顺序堆垛，而左边晶体按 $ABCBCAB$……顺序堆垛，即产生了层错，层错与完整晶体的边界就是肖克莱不全位错。这相当于左侧原来的 A 层原子面在 $[1\bar{2}1]$ 方向沿滑移面移到 B 层位置，从而形成了位错。位错的柏氏矢量 $\boldsymbol{b} = \dfrac{a}{6}[1\bar{2}1]$，与位错线垂直，故为刃型不全位错。

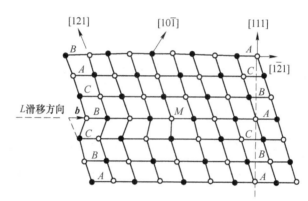

图 2-41 面心立方晶体中的肖克莱不全位错

根据肖克莱不全位错的柏氏矢量与位错线的夹角关系，它既可以是纯刃型，也可以是纯螺型或混合型。肖克莱不全位错可以在 {111} 面上滑移，但即使是纯刃型位错也不能攀移，这是因为它无法离开层错。

2.11.3.2 弗兰克不全位错

在面心立方晶体密排面的正常堆垛中抽出一部分某层的原子面或在两层原子面间加入一部分某层原子面，则在抽出与插入原子面的区域会出现层错区，如图 2-42 所示。在正常堆垛区与层错区的交界线是一条刃型位错，其柏氏矢量为密排面的面间距，$\boldsymbol{b} = \dfrac{a}{3}\langle 111 \rangle$，称为弗兰克不全位错。弗兰克不全位错的柏氏

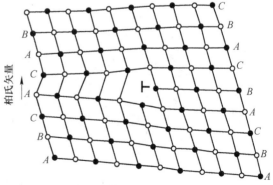

图 2-42 抽去一层密排面形成的弗兰克不全位错

矢量垂直于密排面 {111}，是纯刃型位错。这种位错不能在滑移面上运动，否则将离开所在的层错面，但是能通过点缺陷的运动沿层错面进行攀移。

例2-3　试分析在面心立方晶体中下述反应能否进行，并指出其中三个位错的类型。如反应能发生，生成的新位错能否在滑移面上运动？

$$\frac{a}{2}[10\bar{1}] + \frac{a}{6}[\bar{1}2\bar{1}] \to \frac{a}{3}[11\bar{1}]$$

解：三个位错分别为全位错、肖克莱不全位错和弗兰克不全位错。

该反应满足几何条件：$\boldsymbol{b}_1 + \boldsymbol{b}_2 = \boldsymbol{b}_3$，

同时，也满足能量条件：$\dfrac{a^2}{2} + \dfrac{a^2}{6} > \dfrac{a^2}{3}$，

因此，该反应能进行。

反应后生成的新位错 $\dfrac{a}{3}[11\bar{1}]$ 是固定位错，不能在滑移面上运动。

2.12　面心立方晶体中的位错

2.12.1　扩展位错

在面心立方晶体中常见的位错有：柏氏矢量 $\boldsymbol{b} = \dfrac{1}{2}\langle 110\rangle$ 的特征位错、柏氏矢量 $\boldsymbol{b} = \dfrac{1}{6}\langle 112\rangle$ 的肖克莱不全位错和柏氏矢量 $\boldsymbol{b} = \dfrac{1}{3}\langle 111\rangle$ 的弗兰克不全位错。

如图 2-43 所示，考虑到（111）面上滑动的一个位错，其柏氏矢量为由 C' 到 C，这个位错的柏氏矢量是 $\dfrac{a}{2}[10\bar{1}]$。如果滑移使 C 层原子面上的 C' 原子移到 C 原子的位置上，柏氏矢量为 $\dfrac{a}{2}[10\bar{1}]$ 的位错运动所引起的滑移是原子面由一个平衡位置移到下一个平衡位置的滑移。因此柏氏矢量为 $\dfrac{a}{2}[10\bar{1}]$ 的位错是一个全位错。

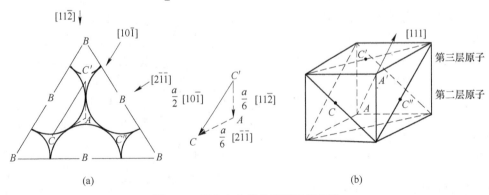

图 2-43　面心立方晶格原子堆垛情况

由图 2-43 可以看出，C' 处的原子除了直接移动 C 处之外，还可以先从 C' 移到 A，然后再从 A 移到 C，这种移动实际是通过由全位错 $\frac{a}{2}[10\bar{1}]$ 分解的两个柏氏矢量为 $\frac{a}{6}[2\bar{1}\bar{1}]$ 和 $\frac{a}{6}[11\bar{2}]$ 的不全位错扫过滑移面而引起的。设 $\frac{a}{6}[2\bar{1}\bar{1}]$ 位错不动，$\frac{a}{6}[11\bar{2}]$ 位错沿 (111) 平面运动，这样位于 C' 处的原子移到了 A 位置，因此在 (111) 面上的堆垛顺序变成 $ABCAB\mid ABC\cdots\cdots$，产生了层错。只有在 $\frac{a}{6}[2\bar{1}\bar{1}]$ 不全位错扫过层错面后，才会留下一个堆垛顺序正常的滑移面。位错的分解过程为：

$$\frac{a}{2}[10\bar{1}] \rightarrow \frac{a}{6}[11\bar{2}] + \frac{a}{6}[2\bar{1}\bar{1}]$$

由一个位错分解成两个不全位错和它们中间夹的层错带构成的位错组合称为扩展位错。图 2-44 为扩展位错示意图。图 2-45 为扩展位错的透射电镜照片。

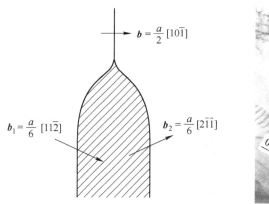

图 2-44 面心立方晶体中的扩展位错示意图

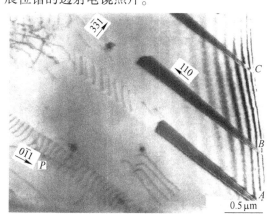

图 2-45 扩展位错的透射电镜照片

螺型位错虽然能够进行交滑移，但是当螺型位错分解为扩展位错时，其中的层错区只能在原滑移面上随两个不全位错移动，不能转移到新的滑移面上。如果扩展位错在滑移过程中受到阻碍，只有合并为全位错后才能进行交滑移。图 2-46 示出了扩展位错的交滑移

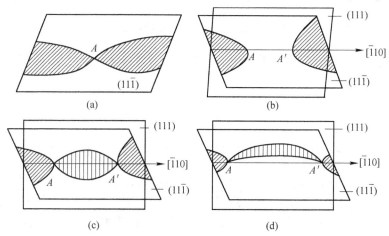

图 2-46 扩展位错的交滑移过程

过程。扩展位错的束集一般从受阻的局部线段开始，束集的特征位错进行交滑移，并且在新的滑移面上重新扩展，继续滑移。层错能越低，扩展位错宽度越大，束集越困难，不易发生交滑移。

2.12.2 面角位错

在面心立方晶体中，两个滑移面上各有一条特征位错。在滑移过程中两条位错发生相遇，会发生位错反应。

图 2-47 示出在相交的两个滑移面（111）和（$1\bar{1}\bar{1}$）上各有一条特征位错线，其柏氏矢量分别是 $\boldsymbol{b}_1 = \dfrac{a}{2}[10\bar{1}]$、$\boldsymbol{b}_2 = \dfrac{a}{2}[011]$。在各自的滑移面上，可发生位错分解：

$$\frac{a}{2}[10\bar{1}] \rightarrow \frac{a}{6}[2\bar{1}\bar{1}] + \frac{a}{6}[11\bar{2}]$$

$$\frac{a}{2}[011] \rightarrow \frac{a}{6}[112] + \frac{a}{6}[\bar{1}21]$$

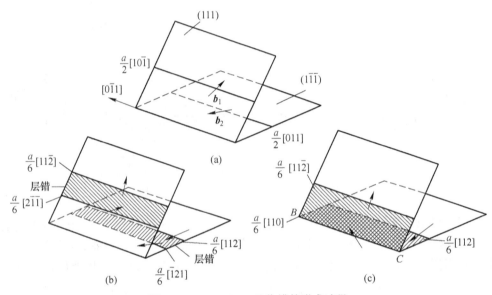

图 2-47 Lomer-Cottrell 位错的形成过程

当这两个扩展位错在各自的滑移面上滑移并在两滑移面相交处相遇，领先的两条肖克莱不全位错会发生反应：

$$\frac{a}{6}[\bar{1}21] + \frac{a}{6}[2\bar{1}\bar{1}] \rightarrow \frac{a}{6}[110]$$

形成的新位错 $\dfrac{a}{6}[110]$ 是纯刃型位错，位错线为（111）和（$11\bar{1}$）面的交线，由位错线和柏氏矢量所决定的滑移面为（110）面，不是面心立方晶体的滑移面。因此，该位错不易滑移。这个位错也称为固定位错或压杆位错。此时，在两个密排面的相交处形成了由三个不全位错和两个层错区构成的面角状位错群，称为面角位错，人们以它的发现者Lomer 和 Cottrell 命名，称为洛莫–柯垂耳（Lomer-Cottrell）位错。图 2-48 为在 Fe-Mn-Al-C

钢中形成的面角位错的透射电镜照片。

面角位错在晶体中成为位错运动的障碍，对金属的加工硬化及断裂有重要的影响。

2.12.3 汤普森四面体

面心立方晶体中所有的重要的位错和位错反应，可用汤普森提出的参考四面体和一套标记表示。

如图2-49（a）、（b）所示，A、B、C、D依次为面心立方晶胞中3个相邻外表面的面心和坐标原点。以A、B、C、D为顶点连成一个

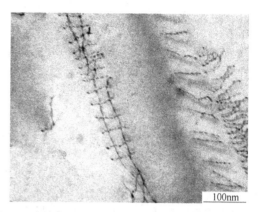

图 2-48　Fe-Mn-Al-C 钢中的面角位错

由4个 $\{111\}$ 面组成的，且其边平行于 $\langle 110 \rangle$ 方向的四面体，即汤普森四面体。如果以 α、β、γ、δ 分别代表与这4个点相对面的中心，把4个面以三角形为底展开，可得图2-49（c）。

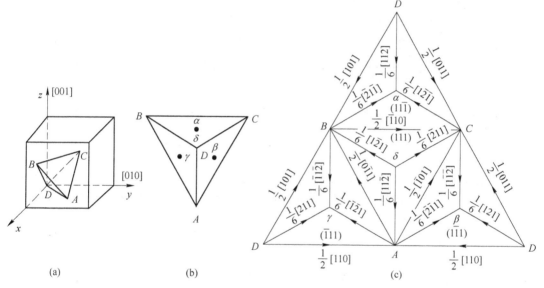

（a）　　　　　　（b）　　　　　　　　　　　　　　（c）

图 2-49　汤普森四面体及记号

由图可见：

（1）四面体的4个面即为4个可能的滑移面；

（2）四面体的6个棱边代表12个晶向，即为面心立方晶体中全位错12个可能的柏氏矢量；

（3）每个面的顶点与其中心的连线代表24个 $b = \dfrac{1}{6}\langle 112 \rangle$ 的滑移矢量，它们相当于面心立方晶体中的24个肖克莱不全位错的柏氏矢量；

（4）4个顶点到它所对应的三角形中点的连线代表8个 $b = \dfrac{1}{3}\langle 111 \rangle$ 型的滑移矢量，相当于面心立方晶体中的8个弗兰克不全位错的柏氏矢量；

（5）4 个面中心相连即 $\alpha\beta$、$\alpha\gamma$、$\alpha\delta$、$\beta\gamma$、$\gamma\delta$、$\beta\delta$，为 $\dfrac{a}{6}\langle 110\rangle$，是压杆位错的一种。

面心立方晶体中各类位错反应都能用相应的汤普森符号来表达。

习题与思考题

2-1 已知位错环 ABCD 的柏氏矢量为 $\boldsymbol{b}$，外应力为 σ，如图 2-50 所示。

  （1）位错环的各边分别是什么类型的位错？

  （2）在足够大的拉应力 σ 作用下，位错环将如何运动？（画图说明）

2-2 如图 2-51 所示，在柏氏矢量为 $\boldsymbol{b}_1$ 的位错 1 的应力场中存在位错 2，其柏氏矢量为 $\boldsymbol{b}_2$，位错 1、位错 2 均为刃型位错。问：位错 1 的应力场对位错 2 有何作用？写出受力表达式（不考虑位错运动时受到的阻力）。

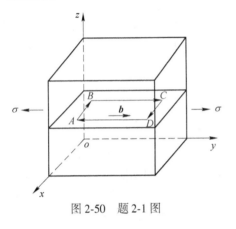

图 2-50　题 2-1 图

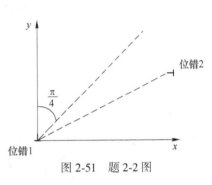

图 2-51　题 2-2 图

2-3 设有两条交叉（正交但不共面）的位错线 AB 和 CD，其柏氏矢量分别为 $\boldsymbol{b}_1$ 和 $\boldsymbol{b}_2$，且 $|\boldsymbol{b}_1| = |\boldsymbol{b}_2| = b$。试求下述情况下两位错间的交互作用（要求求出单位长度位错线的受力 f 和总力 F）。

  （1）两个位错都是螺型；

  （2）两个位错都是刃型；

  （3）一个是螺型，一个是刃型。

2-4 如图 2-52 所示，位错环 ABCDA 是通过环内晶体发生滑移而环外晶体不滑移形成的。在滑移时，滑移面上部的晶体相对于下部晶体沿 Oy 轴方向滑动了距离 b_1。此外，在距离 AB 位错为 d 处有一根垂直于环面的右螺旋位错 EF，其柏氏矢量为 $\boldsymbol{b}_2$。

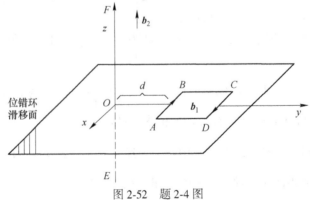

图 2-52　题 2-4 图

（1）指出 **AB**、**BC**、**CD** 和 **DA** 各段位错的类型；

（2）求出 **EF** 对上述各段位错的作用力；

（3）**EF** 位错沿 Oy 方向运动穿过位错环后，各位错的形状有何变化（即指出弯折的类型、位置和长度）？

2-5 在如图 2-53 所示的面心立方晶体的（111）滑移面上有两条弯折的位错线 **OS** 和 **O′S′**，其中 **O′S′** 位错的台阶垂直于（111），它们的柏氏矢量如图中箭头所示。

（1）判断位错线上各段位错的类型。

（2）有一切应力施加于滑移面且与柏氏矢量平行时，两条位错线的滑移特征有何差异？

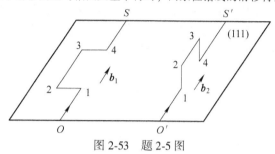

图 2-53 题 2-5 图

2-6 若保持位错线的曲率半径为 R，求所需的切应力与位错的线张力之间的关系，并求出长度为 L 的弗兰克–瑞德源开始启动所需的临界应力。

2-7 说明存在于面心立方晶格金属中（111）面的位错 $\boldsymbol{b}_1 = \dfrac{a}{2}[10\bar{1}]$ 及（11$\bar{1}$）面的位错 $\boldsymbol{b}_2 = \dfrac{a}{2}[011]$ 能发生位错反应的原因；生成位错的柏氏矢量及位错属性是什么？该位错反应对于金属的塑性变形将产生何种影响？

2-8 判断下列位错反应能否进行？说明各位错的类型，并在晶胞图上作出矢量关系图。

(1) $\dfrac{a}{2}[1\bar{1}\bar{1}] + \dfrac{a}{2}[111] \rightarrow a[001]$；

(2) $\dfrac{a}{2}[110] \rightarrow \dfrac{a}{6}[12\bar{1}] + \dfrac{a}{6}[211]$；

(3) $\dfrac{a}{2}[110] \rightarrow \dfrac{a}{6}[112] + \dfrac{a}{3}[11\bar{1}]$。

2-9 在晶体中插入附加的柱状原子面能否形成位错环？为什么？

2-10 当刃型位错周围的晶体含有：1）超平衡空位；2）超平衡的间隙原子；3）低于平衡浓度的空位；4）低于平衡浓度的间隙原子等四种情况，位错将怎样攀移？

2-11 线缺陷是如何产生的？举例说明如何提高这些缺陷的数目。

2-12 点缺陷（如间隙原子或代位原子）和线缺陷（如位错）为何会发生相互作用？这种交互作用如何影响材料的力学性能？

3 材料的塑性变形机制

材料发生塑性变形时，形状和尺寸的不可逆变化是通过原子的定向位移实现的。因此，施加的力应能足以克服位垒，使大量的原子群能多次地定向地从一个平衡位置移到另一个平衡位置，由此产生宏观的塑性变形。根据原子群移动发生的条件和方式不同，可观察到各种不同的塑性变形机制，如滑移、孪生及其他机制。

3.1 滑　　移

3.1.1 滑移变形的特点

金属塑性变形最常见的方式是滑移，即晶体在外力作用下，一部分相对于另一部分沿一定的晶面和晶向发生的平移滑动。这些晶面和晶向称为滑移面和滑移方向。图 3-1 示出了弹性变形和塑性变形时晶格变形的示意图。

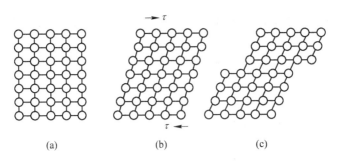

图 3-1　晶格的变形

（a）晶格在外力作用前的状态；（b）晶格在外力作用下发生的弹性畸变；
（c）当外力增大到一定值时晶格开始滑移

一个滑移面和此面上的一个滑移方向组成一个"滑移系"。实验表明，晶体的滑移大多发生在原子密度最大的晶面上，滑移方向是沿原子密度最大的晶向。这是因为晶体中晶面间距是随原子密度的大小而变化的，原子密度大的晶面，其面间距离也大。显然沿面间距离最大的晶面滑移阻力最小，因而所需能量也最小。

典型晶格的主要滑移面、滑移方向和滑移系如表 3-1 所示。

对金属晶体来说，滑移系越多，则在一定条件下受力后产生滑移的可能性越大，变形也越均匀；并且能承受的一次变形量也越大，塑性也就越好，所以面心和体心立方晶体较密排六方晶体的塑性好。在通常情况下，面心立方晶体的塑性较体心立方的要好一些，这是因为面心立方晶体在滑移面上的滑移方向数目多，而滑移方向对塑性变形（滑移）的贡献较滑移面大。对于给定的晶体结构，滑移方向一般是一定的。但当温度升高时，会出现新的滑移面。例如，密排六方晶格的镁在室温下的滑移面为基面，而当温度升高时，棱柱面和锥面也会成为滑移面。

表 3-1 典型晶格的主要滑移面、滑移方向和滑移系

晶格	体心立方晶格		面心立方晶格		密排六方晶格	
滑移面	{110}×6	{110}	{111}×4	{111}	六方底面×1	六方面 对角线
滑移方向	<111>×2	<111>	<110>×3	<110>	底面对角线×3	
滑移系	6×2=12		4×3=12		1×3=3	

3.1.2 滑移时的临界分切应力

滑移系只提供了晶体滑移的可能性，而金属在外力作用下滑移的驱动力是沿滑移面滑移方向上的分切应力。

单晶体受力后，外力在任何晶面上都可分解为正应力和切应力。正应力只能引起弹性变形及解理断裂。只有在切应力的作用下金属晶体才能产生塑性变形。图 3-2 示出了单晶体在单向拉伸时的受力。

在一定的变形温度和变形速度条件下，对一定的材料来说，只有当由外力引起的切应力在某一滑移系中的分切应力达到一定数值时，晶体才开始滑移。该分切应力称为临界分切应力。

由图 3-3 可以计算出临界分切应力与拉伸应力的关系。图中 P 为沿着拉伸轴线方向的拉力，A 为单晶体试样的横截面积，滑移面和横截面之间的夹角为 φ，则滑移面上的应力为 $\dfrac{P}{A/\cos\varphi}$。若 λ 为滑移方向与拉伸轴之间的夹角，则在滑移方向上的分切应力为

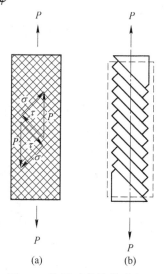

图 3-2 拉伸时单晶体受力图

（a）外力在晶面上的分解；（b）切应力作用下的变形

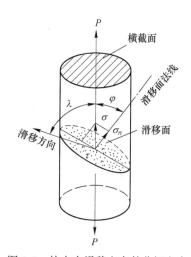

图 3-3 外力在滑移方向的分切应力

$$\tau = \frac{P}{A}\cos\varphi\cos\lambda \tag{3-1}$$

式中，$\cos\varphi\cos\lambda$ 称为取向因子或施密特（Schmid）因子，它是分切应力 τ 与轴向应力 P/A 的比值。取向因子越大，则分切应力越大。

若开始滑移时的拉伸应力（即屈服应力）为

$$\sigma_s = \frac{P}{A} = \sigma \tag{3-2}$$

则临界分切应力 τ_s 为

$$\tau_s = \sigma_s \cos\varphi\cos\lambda \tag{3-3}$$

可见，作用在滑移面上的切应力 $\tau \geqslant \tau_s$ 是晶体开始产生塑性变形的力学条件，即拉伸应力

$$\sigma \geqslant \frac{\tau_s}{\cos\varphi\cos\lambda} = \sigma_s \tag{3-4}$$

图 3-4 为密排六方镁单晶的取向因子对拉伸屈服应力的影响。可以看出，当晶体处于不同位向时，即外力与滑移系间的交角 φ 与 λ 不同时，其屈服应力是不同的，并且在 $\varphi = \lambda = 45°$ 时，σ_s 值最小。这时晶体的取向称为开始滑移的最佳取向；而造成滑移面上的切应力达到临界切应力 τ_s 所需的外力也最小。这种取向称为软取向；反之称为硬取向。而当 $\varphi = 90°$ 或 $\lambda = 90°$，σ_s 均为无限大，说明当滑移面与外力方向平行或者滑移方向与外力方向垂直时不可能发生滑移。

滑移的临界分切应力是一个可以反映单晶体受力开始屈服的物理量，其数值与晶体的类型、纯度及温度有关，还与该晶体的原始状态（加工或热处理）、变形速度以及滑移系类型有关。

3.1.3　滑移时晶体的转动

在实际的变形过程中，若夹头不受限制，欲使滑移面的滑移方向保持不变，拉力轴取向必须不断变化，如图 3-5（a）和（b）所示。实际上夹头是固定不动的，即拉力轴方向

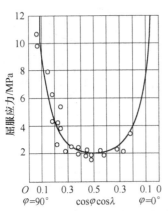

图 3-4　镁晶体拉伸的屈服应力与晶体取向的关系

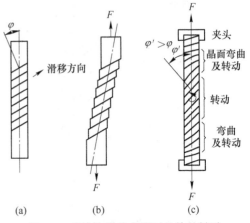

图 3-5　单晶体拉伸变形时晶体的转动

（a）原始；（b）自由变形；（c）受夹头限制变形

不变，此时晶体必须不断发生转动。随着滑移过程的进行，滑移面和滑移方向要发生转动，即取向因子 φ 角和 λ 角都将发生变化。

当滑移面上最大分切应力与滑移方向一致时，滑移面和滑移方向趋于平行于力轴方向。

在压缩变形中，也会产生晶体取向相对于压缩轴的转动，结果使滑移面的法线和压缩轴趋向一致，如图 3-6 所示。

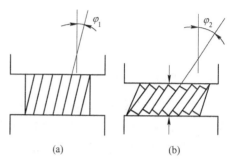

图 3-6　压缩时晶体转动示意图 ($\varphi_2 > \varphi_1$)

（a）压缩前；（b）压缩后

由上所述，晶体在滑移过程中不仅滑移面发生转动，滑移方向也逐渐改变，导致滑移面上的分切应力也随之发生变化。由于在 $\varphi = 45°$ 时，滑移系上的分切应力最大，因此经滑移和转动后，若 φ、λ 远离 45°，滑移变得困难，则发生几何硬化；若 φ、λ 接近 45°，则发生几何软化，使滑移变得容易。

3.1.4　多系滑移

在变形过程中，由于滑移面的转动，原来为软取向的滑移面可以变为硬取向的滑移面；原来为硬取向的滑移面也可以变为软取向的滑移面。同理，对于滑移系多的单晶体，开始时是那些处于软取向的滑移系首先开始滑移，但随着滑移的进行，因滑移面的转动而使滑移阻力增加，原来处于软取向的滑移系逐渐变为硬取向的滑移系。这种转动也会使原来为硬取向的滑移系转变为软取向的滑移系而出现滑移。有时也会使两组或多组滑移系同时进行滑移，分别称为双滑移或多滑移。

双滑移是指从某一变形程度开始在滑移面和滑移方向各不相同的两个滑移系上分别或交替进行的滑移，但在时间上有先后之别。与双滑移相似，晶体在滑移过程中，如果滑移同时在多个滑移系上进行时，则称此滑移为多滑移（图 3-7（a））。在发生多滑移时，不同滑移系的位错可能会发生相互交截而给位错的继续运动带来困难，这也是一种重要的强化机制。

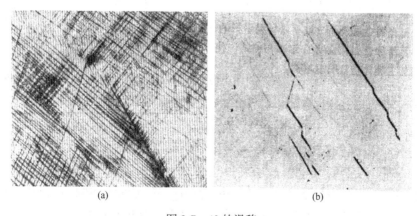

图 3-7　Al 的滑移

（a）多滑移；（b）交滑移

除了双滑移和多滑移之外，在晶体中还可有交滑移发生。交滑移是由具有同一滑移方向的两个或多个滑移面同时启动而进行的滑移。图 3-7（b）示出了铝单晶中发生的交滑移。例如体心立方的纯铁晶体的交滑移就是（110）、（112）和（123）晶面同时沿共同的〈111〉晶向发生的滑移。

3.2 孪 生

3.2.1 孪生的形成与特点

实验表明，晶体除了以滑移方式发生塑性变形外，还可以按孪生方式发生变形。孪生是塑性变形的另一种重要方式，常作为滑移不易进行时的补充。

孪生是指在切应力作用下晶体的一部分相对于另一部分沿一定晶面和晶向、按一定关系发生相对的位向移动。孪生是形成孪晶的过程，孪晶是相对某一特定晶面两边原子排列呈镜面对称的一对晶体。图 3-8 示出了钢在拉伸和锌在冲击时形成的形变孪晶。

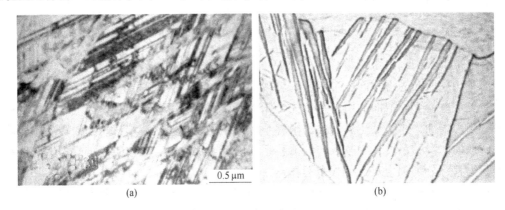

(a)　　　　　　　　　　　　　　(b)

图 3-8　形变孪晶

（a）钢拉伸时形成的形变孪晶；（b）锌冲击时形成的形变孪晶

孪生也是晶体进行切变的一种形式。但是，它和沿滑移面上的滑移方向产生的相对切变不同，孪生会改变晶体的取向。图 3-9 示出了孪生过程。当晶体在切应力作用下发生孪生变形时，晶体内局部区域的（111）晶面沿着 $[11\bar{2}]$ 方向产生相对移动距离为 $a/6$ $[11\bar{2}]$ 的均匀应变，即可得到如图 3-9（b）所示的情形。这样的切变使均匀变形区中的取向产生变化，变为与未变形区晶体呈镜面对称的取向。均匀切变区与未切变区的分界面称为孪晶界，发生均匀切变的那组面（（111）面）称为孪晶面，孪晶面移动的方向（$a/6$ $[11\bar{2}]$）称为孪生方向。

孪生时的应力-应变曲线与滑移时的应力-应变曲线有着明显的不同。如图 3-10 是铜单晶体在一定条件下测得的拉伸曲线。变形开始阶段的光滑曲线与滑移过程相对应。应力升高到一定程度后，发生突然下降，出现锯齿形变化，这就是孪生造成的。因为孪生的形成大致可分为形核和扩展两个阶段：晶体变形时，先以极快的速度爆发出薄片双晶，称为形核。然后双晶界面扩展开来，加长、增宽，而形核所需要的应力远高于扩展所需要的应

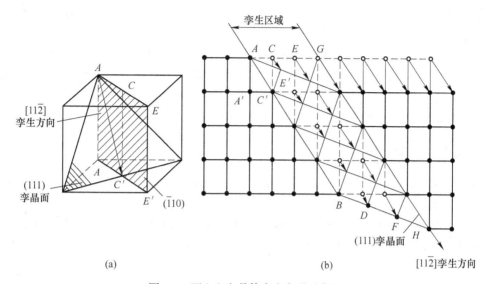

图 3-9　面心立方晶体孪生变形示意图

（a）孪生面和孪生方向；（b）孪生变形时原子的移动

力，所以当双晶出现以后，载荷突然下降，并在双晶的不断扩展过程中产生锯齿形拉伸曲线。双晶的形成过程在极短的时间内完成，可使晶体的某部分位置由原来不利的位向变为有利位向，因而可以继续以滑移方式进行变形，所以拉伸曲线的后阶段又呈光滑曲线。一般情况下，孪生比滑移困难，所以在变形开始时，首先发生滑移。当应力升高到一定数值后，才出现孪生。当密排六方晶体的各滑移系相对于外力取向都不利时，也可能在变形的初始阶段就发生孪生。

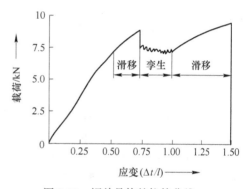

图 3-10　铜单晶体的拉伸曲线

孪生的进行过程往往是突变式的，并可听到特有的干裂声。在某些情况下会使晶体产生空隙，降低其密度。

孪生变形具有如下特点：

（1）发生均匀切变，即切变区内与孪晶面平行的每一层原子面均相对于其毗邻晶面沿孪生方向位移了一定的距离。

（2）具有晶体学要素：孪生面和孪生方向，统称孪生系，如表 3-2 所示。

表 3-2　典型晶格点阵类型的孪生系

点阵类型	孪生面	孪生方向
面心立方	$\{111\}$	$<11\bar{2}>$
体心立方	$\{112\}$	$<111>$
密排六方	$\{11\bar{2}3\}$	$<11\bar{2}0>$
	$\{10\bar{1}2\}$	$<10\bar{1}\bar{1}>$
	$\{11\bar{2}2\}$	$<11\bar{2}3>$

（3）相邻层间相对切变量相等且小于一个原子间距，每层总切变量与它和孪生面的距离成正比；

（4）不改变晶体的点阵类型，只使变形部分与未变形部分以孪生面呈镜像对称；

（5）孪生可以调整晶体位向，激发进一步的滑移，使滑移与孪生交替进行，从而获得较大的变形。

表 3-2 示出了几种典型晶格点阵类型的孪生系。

3.2.2　孪生的位错机制

在孪生变形时，整个孪晶区发生均匀切变，各层晶面的相对位移是借助一个不全位错（肖克莱不全位错）运动所造成的。

如图 3-11 所示，在相互平行且相邻的一组 ｛111｝ 面上有一个肖克莱位错扫过，晶面发生堆垛的错误，由原来的 ABCABC 改变为 ABCABACBA，这样就形成了相对孪晶界的镜面对称，即形成了孪晶。

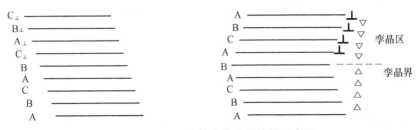

图 3-11　面心立方体中孪生的堆垛示意图

上述过程可通过位错的极轴机制完成。假设在一个面心立方晶体中，有一个垂直穿过 (111) 面的螺型位错，柏氏矢量为 $a/3$ ［111］（(111) 面的面间距）。此位错使 (111) 面变成一个螺旋面。若位于 (111) 面上有一柏氏矢量为 $a/6$ ［11$\bar{2}$］的肖克莱不全位错，其一端被极轴位错固定，则不全位错只能绕极轴转动。当它在 (111) 面上扫过一周后，产生 $a/6$ ［112］的滑移量，相当于产生一个单原子层的孪晶，同时又沿螺旋面上升一层，如图 3-12 所示。如此继续转动，就会形成一个孪晶区。当此不全位错依此沿 (111) 面扫过后，密排面

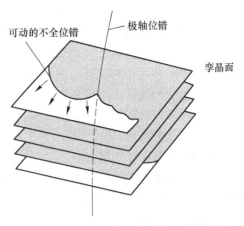

图 3-12　生成形变孪晶的极轴机理示意图

的堆垛顺序就会发生改变，由原来 ABCABCABC 变为 ABCABACBA…，这样就使上部分晶体变成与未变形部分晶体形成对称的孪晶区。

3.2.3　影响孪生的因素

孪晶出现的频率和尺寸取决于晶体结构和层错能的大小。对于 bcc 结构的金属及高层错能的金属，如铜、铝等，变形的主要机制是滑移。对于低层错能的 fcc 金属及合金如

银、黄铜、奥氏体不锈钢等，在变形时很容易发生孪生。这是由于层错能低时，容易形成不全位错的缘故。hcp 金属对称性低，滑移系少，当晶体取向不利于滑移时，孪生就成为塑性变形的主要方式。

孪生的形成不仅与变形金属的结构有关，还与变形条件（如变形温度、变形速度等）有关。变形速度增加可促进晶体孪生的发生。这是由于滑移的临界切应力受温度和变形速度的影响很大，而孪生的临界切应力受温度和变形速度的影响不大。在低温高速变形时，滑移的临界切应力增长较大，而孪生抗力可能小于滑移抗力，故易发生孪生。

孪晶的发生还与材料的晶粒尺寸有关。研究表明，晶粒尺寸越大时越易发生孪生。

当滑移发生困难时，如果发生了孪生，可使孪生后的晶体取向大多会变得有利于滑移，于是滑移就可能在孪生后继续进行。因此，孪生对变形的作用是不能忽视的，尤其是对滑移系少的金属晶体而言。但在某种情况下，如果在晶体中产生的孪晶很少时，则会造成应力集中而导致晶体中裂纹的形成。

例 3-1 Zn 在 ［0001］ 方向拉伸时很脆，而在该方向上压缩时有一定的塑性，其原因为何？

解：按 Schmid 定律，Zn 在 ［0001］ 方向拉伸时 $\lambda = 90°$，因而 $\tau = 0$，所以无法滑移。因此，在该方向拉伸 Zn 不会发生塑性变形，属于脆性断裂。在压缩时可发生孪生，使晶体的位向发生改变，从而有利于滑移的发生，因此具有一定的塑性。

3.3 多晶体塑性变形机制

3.3.1 多晶体塑性变形的特点

多晶体由单晶体组成。多晶体材料中各晶粒位向不同，且存在许多晶界，因此多晶体的塑性变形行为比单晶体要复杂得多。

3.3.1.1 变形与应力的不均匀分布

如图 3-13 所示，多晶体内相邻两晶粒的力学性能不同，假设 A 晶粒的屈服强度高，B 晶粒的屈服强度低。在外加拉力的作用下产生塑性变形时，屈服强度低的 B 晶粒将比屈服强度高的 A 晶粒产生更大的延伸变形。若此两晶粒互无约束时，其变形后的位置应如图 3-13 （b）中的虚线所示。但此两晶粒是彼此紧密结合的完整体，变形中屈服强度高的 A 晶粒将给屈服强度低的 B 晶粒施以压力来减少其延伸。反之，B 晶粒将给 A 晶粒施以拉力来增加 A 晶粒的延伸。这样，在 A 晶粒内产生附加拉应力，而在 B 晶粒内产生附加压应力。显然，在 A 和 B 晶粒间出现了应力的不均匀分布。

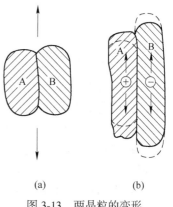

(a)　　　　(b)

图 3-13　两晶粒的变形
（a）变形前；（b）变形后

多晶体中各晶粒的取向不同，会使应力与变形的不均匀分布增强。多晶体内通常同时存在着软取向和硬取向的晶粒，软取向晶粒的变形优先于硬取向晶粒，这样硬取向晶粒将阻碍软取向晶粒的塑性变形，于是在硬取向晶粒和软取向晶粒间产生了应力的不均匀分布。此外，多晶体在塑性变形中所受的应力不同和晶粒大小的差异，也可以产生应力与变形的不均匀分布。例如多晶体受不均匀拉伸时，其各部分的主要应力应为拉应力，但由于各个晶粒所处的位置不同，有一些晶粒的应力图示可能有拉应力和压应力，而另一些晶粒可能受拉应力和弯曲应力的作用。这样便造成了多晶体应力与变形的分布不均。当多晶体各个晶粒大小不同时，则各个晶粒的变形抗力有所不同，这样也会使应力与变形的分布不均匀。晶粒大小的差异越大，应力与变形分布的不均匀程度就越大。

3.3.1.2 提高变形抗力

多晶体各个晶粒彼此的联系，除相邻原子相互作用的静电力外，还有由于结晶时所造成的晶粒边界的机械咬合力。所以靠近晶粒界面的晶粒受到严重的歪扭，使表面附近形成一个难变形区，即变形发生、发展很困难的区域。显然，晶粒越细越均匀，难变形区所占面积比值越大，晶粒界面在变形过程中所起的作用也越大。

晶界使塑性变形过程中的变形抗力提高，主要是由于晶界阻碍滑移进行而引起的障碍强化作用和晶界变形连续性要求的多系滑移引起的强化作用。

A 障碍强化作用

晶界存在着阻碍塑性变形进行的作用。选取大晶粒材料制成拉伸试样，试样中各晶界彼此平行且都垂直于拉伸轴，经过拉伸变形后，试样变成竹节状，如图 3-14 所示。由图可见，晶界附近存在一个楔形区域，在这个区域内未发生滑移，证明晶界对滑移确实存在阻碍作用，滑移从一个晶粒延续到下一个晶粒是困难的。

图 3-14 经拉伸后晶界处呈竹节状

当多晶体受到外力作用时，不是所有的晶粒同时开始滑移，而是在取向最有利的晶粒，即其滑移系中具有最大分切应力的晶粒首先产生滑移，也就是这个取向最有利的滑移系上的位错源首先开动。这些位错滑动到晶界附近，由于晶界上原子排列的正常结构遭受破坏，也由于晶界另一侧的取向不同，对接近晶界的位错产生斥力，领先的位错在晶界前受阻产生位错塞积。塞积位错群对位错源有反向作用力，位错源在大的塞积群反向作用力的抑制下将可能停止动作。如果要继续开动，就要增加外力。当塞积群的位错数足够多时，在塞积群领先位错前端有很大的应力集中。当应力集中达到一定数值后，可促使相邻晶粒的位错源开动。于是滑移便从一个晶粒传播到另一个晶粒，使塑性变形继续下去。位错运动由一个晶粒内传播到另一个晶粒内，也就是滑移由一个晶粒传播到另一个晶粒的过程。由于晶界两侧取向的差异以及晶界的畸变使滑移受阻，要实现这一传播过程，就必须施加更大的外力，即变形抗力升高，这就是晶界的障碍强化作用。

B 多系滑移的强化作用

在实际的多晶体材料中，每一个晶粒都被其相邻的晶粒所包围。如果一个晶粒产生滑移变形而不破坏晶界的连续性，则相邻的晶粒必须有相应的协调变形才可实现。因此，出现多系滑移时位错运动遇到的障碍要比单系滑移多，阻力要增加，而且欲保持晶界连续，要求相邻晶粒协调变形是和自由的单晶体变形不同的。由于协调变形的要求，对于四周为其他晶粒包围的多晶体的晶粒来说，即使外加应力在它的易滑移系统上的分切应力已达到临界值，也不一定发生滑移，而且易滑移系统即便滑移也不一定无限制地滑移下去。要使多晶体的滑移系统开动，需要更大的外加应力。这就是多晶体为了协调变形而引起的多系滑移产生的强化作用。

在不同的晶体结构中，多系滑移强化和障碍强化所起作用的大小不同。在体心和面心立方晶格金属中，滑移系很多，多系滑移的强化效果比障碍强化大得多。这一现象可以理解为：因为滑移系统多，相邻晶粒内总有某个滑移系统处在有利或比较有利的取向上，开动的滑移系容易发生交互作用，所以多系滑移产生的强化作用就是主要的。相反，对于室温下变形的六方金属来说，障碍强化就是主要的。因为其滑移系统少，一直到很大的变形程度都保持单系滑移，因而加工硬化微弱，强化不显著。而其多晶体则因滑移系统很少，滑移不易传播过晶界而急剧地强化，甚至很快发生断裂，塑性也显著降低，如图 3-15 所示。

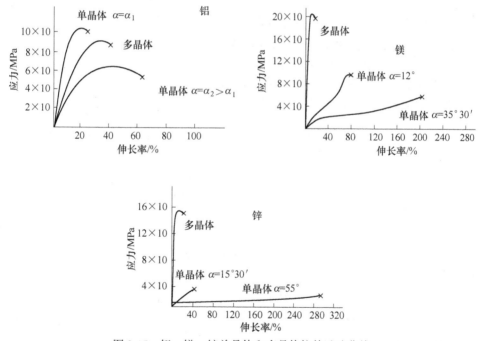

图 3-15 铝、镁、锌单晶体和多晶体拉伸试验曲线
α—滑移面对拉伸曲线的倾斜角；×—断裂点

如上所述，由于晶界造成的障碍强化作用，晶界的变形抗力比晶粒的变形抗力大。所以晶粒愈细小，晶界对变形的阻碍作用也愈大，多晶体的变形抗力也愈大。

实验结果表明，材料的屈服极限 σ_s 随晶粒的大小而变化。晶粒愈细，则屈服极限愈

大。材料的强度与晶粒尺寸的关系可按霍尔-佩奇（Hall-Petch）关系式计算

$$\sigma = \sigma_0 + kd^{-1/2} \tag{3-5}$$

式中 σ——金属强度（屈服强度或断裂强度）；

  σ_0——常量，随不同的材料和温度而不同；

  k——比例常数；

  d——晶粒的直径。

此外，晶粒愈细小，金属的塑性和韧性也愈高。因为金属的晶粒愈细，在一定体积内晶粒数目也愈多，于是在一定的变形量下，变形会分散在很多晶粒内进行，变形分布更为均匀，应力集中较小，使金属具有较高的塑性和韧性。

当变形温度高于 $0.5T_m$（T_m 为熔点）以上时，由于原子活动能力增加，原子沿晶界的扩散速率加快，使晶界具有一定程度的黏滞性，晶界的强度往往低于晶内。此时产生晶界的滑动与转动的可能性增大。同时伴随软化与扩散过程，能很快地修复与调整因变形所破坏的联系。所以在高温下通过晶界滑动与转动，能获得很大的变形，此时界面的变形比晶内变形起着更大的作用。因此，高温时粗晶粒材料要比细晶粒材料具有更高的高温强度。

多晶材料中一般存在一"等强温度" T_E，低于 T_E 时晶界强度高于晶粒内部，高于 T_E 时则反之（见图 3-16）。

例 3-2 对于 T6 态 2Al4 铝合金，晶粒尺寸为 $60\mu m$ 和 $35\mu m$ 时的屈服强度分别为 $\sigma_1 = 410MPa$ 和 $\sigma_2 = 430MPa$，求 $d = 25\mu m$ 时的屈服强度 σ_3。

解：根据晶粒尺寸与强度间的 Hall-Petch 关系式，由题目给出的数据，可以同时写出如下式子：

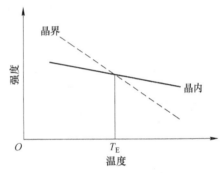

图 3-16 等强温度示意图

$$\sigma_1 = 410MPa = \sigma_0 + \frac{k}{\sqrt{60\,\mu m}}$$

$$\sigma_2 = 430MPa = \sigma_0 + \frac{k}{\sqrt{35\,\mu m}}$$

第二式减去第一式，得

$$20MPa = k\left(\frac{1}{\sqrt{35\,\mu m}} - \frac{1}{\sqrt{60\,\mu m}}\right)$$

解出 k

$$k = \frac{20MPa}{(1/\sqrt{35\,\mu m}) - (1/\sqrt{60\,\mu m})} = 500.86MPa \cdot \mu m$$

将 k 代入第二式，解出 σ_0 为

$$\sigma_0 = 430MPa - \frac{500.86MPa \cdot \mu m}{\sqrt{35\,\mu m}} = 345.34MPa$$

则该铝合金的 Hall-Petch 关系式为

$$\sigma = 345.34MPa + \frac{500.86MPa \cdot \mu m}{\sqrt{d}}$$

因此，对晶粒尺寸 $d = 25\mu m$ 的试样，有

$$\sigma_3 = 345.34MPa + \frac{500.86MPa \cdot \mu m}{\sqrt{25\mu m}} = 445.51MPa$$

3.3.2　多晶体塑性变形机制

　　多晶体塑性变形时，由于各个晶粒所处的位向不同，变形的发生发展情况也不同，变形的难易程度也不同。而金属整体的变形应是连续的、相协调的，所以在相邻晶粒间产生了相互牵制又彼此促进的协调动作，有时会出现力偶，造成晶粒的相对转动，如图 3-17 所示。晶粒相对转动的结果，可能使原来位向不适于变形的晶粒开始变形，或者促使原来已变形的晶粒继续变形。另外，在外力的作用下，当晶界所承受的切应力已达到或超过晶粒彼此间产生相对移动的阻力时，则会发生晶间的移动。

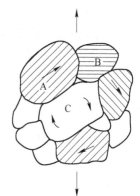

图 3-17　晶粒间的相互作用
A—软取向晶粒；B—硬取向晶粒；
C—在变形中转动

　　晶粒的转动与移动，可使晶粒出现微观破裂。这种微观破裂，或者能靠其他塑性变形机构自行修复，或者由于微观破裂附近产生应力集中而转变为宏观破坏。

3.4　材料的不均匀变形

　　在塑性变形时，如晶体的塑性变形受到约束，会出现不均匀形变。这些约束可能是拉伸时受到两端夹头的约束、相邻滑移带的交互作用或相邻晶粒对滑移的约束等。此外，还会产生在一些大的区域的不均匀形变，在这些区域的点阵的取向与基体不对称。常见的这类不均匀形变主要有扭折带、形变带、显微带和剪切带。

3.4.1　扭折带

　　由于某种原因，材料在室温下变形既不能进行滑移也不能发生孪生的条件下，晶体可能通过其他方式变形。例如，当六方晶体的基面位向和使力轴近于平行时，即沿六方晶系金属的 c 轴压缩或拉伸时，会发生滑移面在局部地区的弯折，称为扭折带。这种情形可在锌、镉、钛的单晶体受压缩时被观察到。在铁、锡、锌、铋、镁、钛、铜等金属或合金的晶体受拉伸

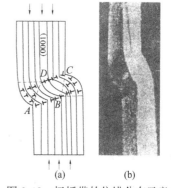

(a)　　　　(b)

图 3-18　扭折带的位错分布示意
图（a）和镉单晶中的扭折带（b）

时也有可能出现扭折带。图 3-18 示出了镉单晶体沿其基面方向压缩时所产生的扭折带。

　　如图 3-18（a）所示，扭折区的结构是晶格严重畸变的两个区。它们由刃型位错壁构成的清晰的扭折面 AD 和 CB 与未变形的晶体相隔开。弯曲的区域内包含着多余的同号位错。图 3-18（b）示出了镉单晶在压缩时形成的扭折带。造成扭折的原因是滑移面的位错

在局部地区集中，从而引起晶格弯曲。这是当滑移受到约束或阻碍时为适应外力作用的一种变形方式。扭折是一种协调性变形，能够引起应力松弛。晶体经扭折后，扭折区内的晶体取向与原来的取向不再相同，有可能使该区域内的滑移系转化为有利取向，从而有利于滑移的进行。

扭折带形成的特点是：

（1）在扭折带中晶格围绕着位于滑移面内且与滑移方向垂直的方向转动；

（2）扭折带的边界近乎与基体中有效的滑移面垂直；

（3）扭折带的形成与刃型位错的移动有关。而且，位错的形核开始于未来的扭折带内部。然后，扭折带中的同号位错散开，形成扭折带的边界。

3.4.2 形变带

在 α-Fe 单晶压缩时在试样表面可看到带状痕迹，这些带的边界是弯曲的，其中可观察到滑移线。X 射线衍射研究表明，在带中的点阵相对于原来的点阵发生了转动，转动的程度取决于形变量。类似的情形在 α-黄铜、钨、银、β-黄铜、铝等金属及合金中也曾被发现。这些形变带都是不均匀形变的产物，称为形变带。图 3-19（a）示出了异号刃位错相互锁住形成形变带的示意图，黄铜压缩后形成的形变带如图 3-19（b）所示。

与扭折带相同，形变带是在特殊条件下滑移的特殊行为。不同的是，形变带的形状一般是不规则的，取向的转动是逐渐的，而扭折带中的区域往往是突变的。

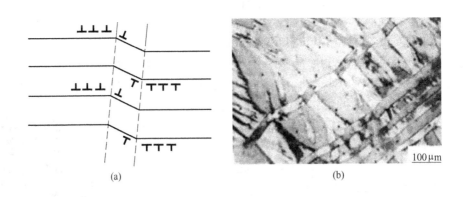

图 3-19　异号刃位错相互锁住形成形变带的示意图（a）和黄铜压缩后的形变带（b）

3.4.3 显微带

在一些材料的变形过程中，在某些区域会形成两个或多个大体平行的位错墙，平行的位错墙构成显微带。显微带一般比较窄，宽度为 $0.1 \sim 1 \mu m$，带的边界平行于滑移面。图 3-20 示出了显微带的示意图和 Fe-Mn-Al-C 钢中的显微带。在铝、铜、镍等面心立方金属的变形中也会出现类似的结构。

3.4.4 剪切带

在材料的塑性变形过程中，有时会由于存在剧烈的局部变形而出现剪切带，在剪切带

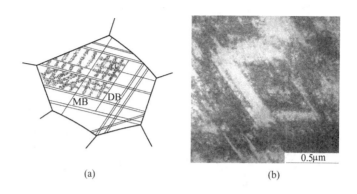

(a)   (b)

图 3-20 显微带的示意图（a）和 Fe-Mn-Al-C 钢中的显微带（b）

中切变量很大。剪切带是非晶体学特征的，可贯穿多个晶粒，甚至整个样品。研究表明，只有当应力超过一定值时，才出现剪切带。剪切带的出现是典型的塑性失稳的表现。图 3-21 示出了剪切带的示意图和奥氏体不锈钢中形成的剪切带。

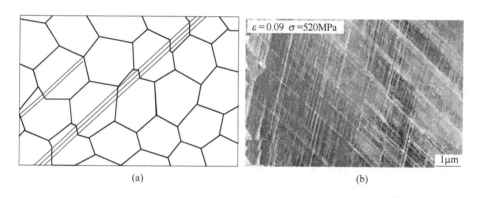

(a)   (b)

图 3-21 剪切带的示意图（a）和奥氏体不锈钢中的剪切带（b）

3.5 高温变形机理

3.5.1 定向空位流机理

定向空位流（也就是原子流）机理是由扩散引起的不可逆的塑性流动机理。

3.5.1.1 晶内扩散的定向空位流机理

纳巴罗（Nabarro）和赫润（Hering）认为在低应力和高温下会产生一种应力诱导的原子定向扩散过程。他们提出如图 3-22（a）所示的定向空位流模型。晶界在这里起着自由的空位源和空位壑（尾闾）的作用。当存在拉伸应力时，应力诱导作用使那里的晶界产生空位的能量提高了，造成空位从受拉晶界向受压晶界的迁移。空位流实际上就是原子流，只不过原子流的方向和空位流的方向相反。这种应力诱导的流动的结果，使得晶粒在受拉力方向伸长，受压方向缩短。这实际上是通过扩散过程使原子从受压晶界迁移到了受拉晶界上。如果每个晶粒都发生了如上所述的变化，自然多晶体也就相应地发生了不可逆的塑性变形。

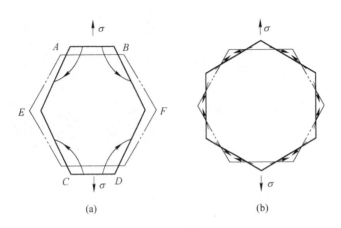

图 3-22   扩散蠕变模型

（a）纳巴罗（Nabarro）和赫润（Hering）晶内蠕变；
（b）柯柏尔（Coble）晶界蠕变

这种晶内扩散的空位流机理在低应力高温下的蠕变过程中通常起着控制蠕变过程速率的作用，因此又称之为纳巴罗-赫润蠕变机理。

3.5.1.2   晶界扩散的定向空位流机理

和纳巴罗-赫润提出的晶内扩散定向空位流机理非常相似，柯柏尔（Coble）认为原子流动沿着晶界扩散要更容易一些。在应力诱导作用下，可以在更低的温度下发生，如图 3-22（b）所示。这就是晶界扩散的定向空位流机理，也称柯柏尔蠕变机理。这两种机理（纳巴罗-赫润、柯柏尔）都是把晶界当成空位的源和壑，晶界面积占的比例越大，起源和壑作用的地方就越多，空位的扩散过程越短，因而定向的扩散流动速度将越大，蠕变过程也就越快。所以晶内，特别是晶界扩散的定向空位流机理对晶粒尺寸是非常敏感的。

3.5.2   晶界滑动机理

除了上述各种变形机理外，还有另一类变形机理，那就是晶界滑动（或称晶间滑动）。但它不是一种独立的机理，通常晶界滑动需要和晶粒转动或晶内变形配合进行。

3.5.2.1   晶界滑动现象

经过抛光后的试样在高温变形后，可发现磨面上有沿晶界形成的凸凹不平的现象（还可能出现晶粒间转动）。图 3-23 是用扫描电镜显示出来的超塑性变形 Pb-Sn 共析合金中的晶粒沿晶间滑动和旋转的情况。在一系列材料的高温变形过程中，发现晶界滑动量和总变形量之间存在着线性关系。图 3-24 反映了 Ni 在 800℃不同应力下蠕变实验时晶界滑动量与总变形量的线性关系，图中曲线 1、2 和 3 的应力分别为 20MPa、30MPa 和 40MPa。这个实验结果说明多晶体中的晶界滑动是和晶内变形有相互联系的。晶间变形的发展，要受晶粒大小、应力、温度、晶内变形的影响。在高应变速率和大应力条件下变形时，晶界滑动变形会受到限制。

图 3-23 超塑性变形 Pb-Sn 共晶合金中的
Sn-Sn 晶界滑动（伴随晶界的迁移）

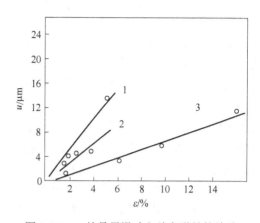

图 3-24 Ni 的晶界滑动和总变形量的关系

3.5.2.2 晶界滑动机理

晶界滑动是综合的变形机理，它的发生易产生应力集中，需要其他机制如晶内滑移、扩散蠕变机理相协调。即使只考虑两个晶粒的晶界这种最简单的情况，晶界一般来说不是平坦的平面，两晶粒沿晶界产生相对切变时，也必须伴随其他机理来协调。在足够高的温度下，局部的晶粒边界应力场可以诱导产生纳巴罗-赫润（Nabarro-Herring）晶内扩散的定向空位流或柯柏尔（Coble）的晶界扩散定向空位流。在图 3-25

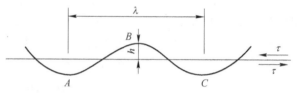

图 3-25 晶界滑动的空位流协调机理
（空位由 AB 流向 BC）

中，空位由拉应力区 AB 扩散到压应力区 BC，也就是原子由压应力区 BC 扩散到拉应力区 AB。使凸凹不平的晶界变得平滑，晶界滑动才成为可能。可以推测，晶界滑动的速率强烈地依赖于晶界的形状。晶界滑动既然需要原子的扩散流动来协调，温度就会影响晶界滑动的速率。

此外，多晶体内部的晶界滑动也可伴随其他的塑性变形机理来协调，如可由位错蠕变机理所协调。

3.6 变形机制图

当外在条件（例如应力、温度、应变速率）不同时，或者金属的组织结构（例如晶粒大小）不同时，变形时将有不同的塑性变形机制作用；或者在特定的条件下，起作用的几种塑性变形机制中，有某一种机制起控制作用。确定在各种特定条件下，支配材料性能的变形机制对材料科技工作者和工程师们都是重要的。

在材料的变形过程中，可构建各种变形机制的本构方程（应力、温度、材料常数和应变速率关系的表达式），并分析各种变形机制的相互依赖或相互独立的关系，在应力-温度坐标上做出变形机制图，从而揭示某一种特定的变形机制在哪一个应力-温度范围内对应变速率起控制作用。或者更广泛地说，可把在某一种变量范围内对应变速率起控制作用的变形机制表示出来，这就是变形机制图。

图 3-26 所示为晶粒尺寸为 $32\mu m$ 的纯银，以 $10^{-8}s^{-1}$ 的应变速率来确定边界的变形机制图。它给出了不同变形机制起控制作用的应力-温度区间。由图可以看出，在温度较低（低于 $0.5T_m$ 时）或者应力很高时起控制作用的变形机制是位错的滑移机制。而温度较高时，即相对温度 T/T_m 大于 0.5 时，在应力不是太高的情况下，位错易于攀移，位错蠕变将是起着控制应变速率的机制。温度再增高或应力降低时，晶间（界）定向空位流机制以及晶内定向空位流机制依次成为控制机制。图中未画出晶界滑动区域，晶界滑动是综合性的变形机制。

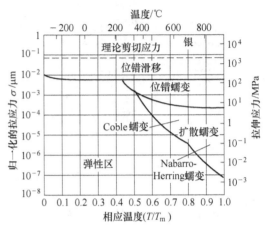

图 3-26　纯银的变形机制图

当材料的晶粒尺寸或变形时的应变速率不同时，变形机制图的区别很大。如通过在恒定温度下、应力-晶粒尺寸坐标上的等应变速率线把起控制作用的变形机制的作用范围表示出来，则可清晰地表明每种变形机制对晶粒尺寸的依赖关系。如图 3-27 给出了固定温度下变形机制的边界，它清楚地示出了各种变形机制对晶粒尺寸的依赖关系。

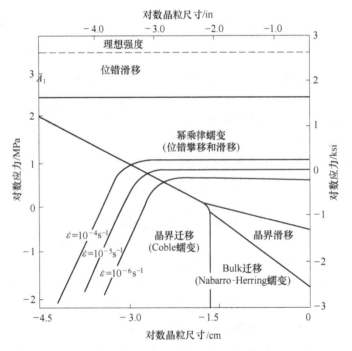

图 3-27　1400K 温度下，在应力-晶粒
尺寸坐标中 50Fe-50Ni 的变形机制图

各种变形机制图是非常有用的。只要知道温度、应力和应变速率这三个参数中的任何两个，就可以从中获得第三个参数，可用于控制变形机制。变形机理图有助于人们了解实际塑性成形过程或工程材料在实际使用情况下的温度-应力-变形速率范围内，哪种变形机制在起控制作用。可以根据不同的需要，设法设计材料的原始组织和变形参数来抑制或加强某种变形机制的作用，甚至改变控制变形机制的类型来满足制备和服役条件的要求。

例如，对于高温承载部件，在其工作条件下定向扩散空位流机制和晶界滑动机制可能是应变速率的控制性机制。为了提高部件的使用寿命，应设法抑制应变（也就是蠕变）速率。措施之一就是获得适当粗化的晶粒，减少空位流的源和壑，减少晶间滑动的途径，这是一种抑制性机制发挥作用的情况。超塑成形可大幅度地改善某些合金的可成形性，起控制作用的变形机制是晶界滑动。要提高应变速率，改善可成形性，就要加强该种形变机制的作用。措施之一就是细化晶粒。这种情况和抑制控制性变形机制发挥作用的情况相反。

如果需要材料既有良好的超塑性，同时又具有优异的高温承载性能，可在超塑成形后进行进一步的热处理。例如，在涡轮发动机中，对一种镍基高温合金首先经细化晶粒热处理，以提供锻造成形中所需要的超塑性。一旦合金成形为所需的部件后，进行另一种热处理，使晶粒长大，以抑制在高温使用条件下的定向扩散空位流和晶间滑动的蠕变过程。

习题与思考题

3-1 什么是滑移面、滑移方向、滑移系？面心立方晶格、体心立方晶格以及密排六方晶格金属的滑移系各为多少？请画图说明典型的滑移系。

3-2 什么是临界切应力？哪些因素会影响临界切应力？为什么临界切应力与图 3-28 中所示的 θ 角无关？

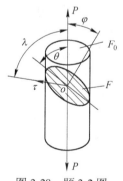

图 3-28　题 3-2 图

3-3 滑移面和滑移方向与外力轴各成何角度时，在该滑移面和滑移方向上的分切应力最大？

3-4 试阐述滑移与孪生的区别，并用位错理论解释滑移和孪生的机理。

3-5 滑移和孪生各在什么条件下容易发生？

3-6 提高材料屈服强度的途径有哪些？

3-7 比较扭折带、形变带、显微带及剪切带的异同。

3-8 金属材料的高温变形机制有哪几种？它们主要受哪些因素影响？

3-9 变形机制图的意义为何？

$\boldsymbol{4}$ 材料的强化机制

强度是衡量材料基本力学性能的主要指标之一，因此如何提高材料的强度一直是工业界和研究人员广泛关注的问题。强化机制理论的发展可为材料的组织性能控制提供指导。本章主要介绍金属材料中的强化机制，并简要介绍复合材料的强化机制。

4.1 晶 界 强 化

4.1.1 晶界强化原理

如第 3 章所述，多晶体的强度一般要比单晶体的高。在多晶体中存在有大量的晶界，晶界两边晶粒的取向不同，滑移难以从一个晶粒直接传播到有取向差异的另一个晶粒上。因此，为了使邻近的晶粒也发生滑移，就必须要加大外力。另外，多晶体晶粒的变形必须要满足连续性条件。当一个晶粒的形状发生变化时必须要有邻近晶粒的协同动作。即使外加切应力已经超过了某一晶粒某一滑移系的临界切应力，但由于周围环境的束缚，并不一定会造成该晶粒的变形，即使某个滑移系开动了也可能在晶界附近停止。

总的来说，晶界强化是一种能够同时提高强度而不损失塑性和韧性的有效强化手段。晶界对滑移的阻碍作用在两种情况下显得比较突出：一是当材料的晶内变形阻力比较小，如在充分退火的纯金属中，由于组织中的位错密度较小，杂质原子钉扎作用也不大，所以很容易观察到晶粒细化对强度的改善；二是当晶粒尺寸较小时，使 Hall-Petch 关系式中晶粒细化对强度提高的贡献显著增强。晶界强化在材料开始发生微量塑性变形时效果明显，所以晶界对于提高材料的屈服应力和解理强度有积极的影响。但是在大的塑性变形之后，晶界遭受破坏，点阵缺陷大为增加，原始晶粒对强度的影响就不如变形量小的时候显著。当金属处于脆性状态或在这种状态的边缘时，晶粒细化能使断裂过程吸收的能量增加，甚至引起断裂形式的改变，有助于改善材料的韧性。

例 4-1 图 4-1 示出了某合金的室温拉伸曲线，曲线分别代表晶粒尺寸不同的几种组织的真应力-真应变关系。试比较晶粒尺寸对材料的流变应力、应变硬化能力和塑性的影响，并说明原因。

答：从图中可见：（1）在变形过程中，细晶组织表现出较高的流变应力；（2）大变形量后晶粒尺寸的大小对应变硬化速度没有显著影响，不同晶粒尺寸材料的应力-应变曲

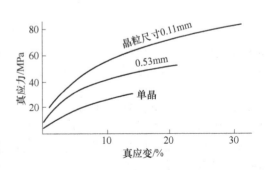

图 4-1 晶粒尺寸对材料的应力应变的影响

线接近平行，而且也与单晶体的曲线平行；（3）晶粒越细小，断裂前的塑性越高。

上述由于晶粒尺寸不同所产生的各种现象，可从第 2 章中介绍的位错塞积模型解释。在外力作用下，造成邻近晶粒位错源开动时晶界处的应力集中的大小是与位错塞积群的大小成比例的。为获得同样的应力集中，对于一个较长的塞积距离（相当于较大的晶粒直径）可以在较小的外力作用下达到；而在塞积距离很短的情况下，导致相同程度的应力集中就要加大外加应力。因此，细晶材料的流变应力较高。而一旦实现变形之后，在这样高的应力作用下，将会有大量的晶粒同时实现塑性变形，因此应变硬化的表现并不显著。相反，由于粗晶材料的起始塑性变形抗力较低，多系滑移造成硬化的影响比较突出，使粗晶材料的应变硬化能力比同一材料的细晶组织要大。由于粗晶组织内变形比较不均匀，加之位错塞积产生的应力集中也比较大，从而使裂纹更易形成，所以断裂时的伸长率和断面收缩率较低。当材料经受大量塑性变形之后，由于其内部位错密度的增大，晶粒发生严重的"碎化"，使抑制位错和位错运动的障碍增多。这时原始晶界对变形的影响会有所减弱。

4.1.2　亚晶界及相界强化

4.1.2.1　亚晶界强化

亚晶界一般均为小角晶界。亚晶界对流变应力的影响也可用 Hall-Petch 公式加以描述，即

$$\sigma_y = \sigma_0 + k'd_s^{-n'}$$
$$n' = \frac{1}{2} \tag{4-1}$$

式中　σ_0——晶格摩擦阻力；

　　　d_s——亚晶粒直径；

　　　k'——亚晶界的强化系数。

4.1.2.2　相界强化

上述晶界（包括小角晶界及大角晶界）均指相同成分和相同结构的晶体之间的界面，而相界是指两个相的接触面。两相具有不同的成分及晶体结构，故在性能上（如弹性模量）有较大的差异。相界面强化也服从 Hall-Petch 关系。

例 4-2　试说明如何通过热处理与成形相结合的方法使钢丝获得很高的强度。

答：可将钢丝坯料加热至奥氏体化温度，然后淬火至所需相变温度，再冷至室温，获得全珠光体组织。然后进行大变形量拉拔（断面减缩率大于 90%）。由于通过热处理获得的珠光体片层间距很细小，而在拉拔过程中，其片层间距会得到进一步的细化。

对钢中的片状珠光体组织，流变应力与片间距有如下关系：

$$\sigma_y = \sigma_0 + k\lambda^{-\frac{1}{2}} \tag{4-2}$$

式中　σ_0，k——常数；

　　　λ——片间距。

因此组织细化造成了对位错运动有效的阻碍，使钢丝的强度显著增加。

4.2　形 变 强 化

4.2.1　形变强化机理

材料的变形主要通过原有位错的运动和许多附加位错的产生（如 Frank-Read 源的作用）而进行，所以通常说的形变强化也是位错强化。虽然对形变强化的机制还缺乏充分的了解，但其基本特征是给定的位错在运动中受其邻近位错所造成的"障碍物"所阻碍。在多晶体材料中，位错间的相互干扰特别显著，这是由于几何学上的要求，在每一个晶粒中至少需要 5 个滑移系同时开动，晶粒才能任意地改变形状，每个晶粒的晶界仍保持连续性。此外，晶界还作为另一种类型的障碍物，它的存在使位错产生塞积。

对于密排六方点阵的单晶体，它在室温变形时仅是其主滑移系起作用，作用的位错限制在一组单一的平行平面上，而最终它们将在自由表面逸出。这样，位错密度及其相互干扰的范围就都比较小，因而应变硬化不如面心立方和体心立方晶体显著。图 4-2 示出了典型金属单晶体的加工硬化曲线。密排六方点阵的多晶体金属在塑性变形时也有类似的现象，但是它们的行为却由于发生了孪生以及附加滑移系的开动而变得复杂。虽然如此，密排六方点阵合金的应变硬化率一般仍较面心立方和体心立方点阵的合金为低。在面心

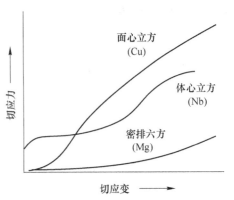

图 4-2　典型金属单晶体的加工硬化曲线

和体心两种晶体结构中，不论在单晶体中还是多晶体中，都允许许多的滑移系开动，相互作用的位错成为其他位错运动的障碍，使其他位错依次塞积，从而增加了继续变形所需的切应力。

一般地，在充分退火的材料中，位错密度为 $10^{10}/m^2$，塑性变形材料中的位错密度为 $10^{12} \sim 10^{14}/m^2$。在剧烈变形的材料中，位错缠结的胞壁中的 ρ 值可高达 $10^{16}/m^2$。应变硬化率一般随试验温度的升高而下降。加入固溶的合金元素可能增大或减小应变硬化率。但是冷加工后，合金的最终硬度，几乎总是比纯金属经类似冷加工后的硬度要更高。

4.2.2　形变强化的数学表达

4.2.2.1　派-纳力

位错运动首先要克服派-纳力或晶格阻力，故在估算流变应力时应包含派-纳力的影响。一般认为，对软金属（包括 FCC 金属和基面滑移的 HCP 金属）而言，派-纳力的影响不大，不是位错运动所要克服的主要阻力；而对硬金属（包括 BCC 金属和非基面滑移的 HCP 金属），派-纳力的影响较大，可能是位错运动所需克服阻力的重要组成部分，应在流变应力的计算公式中加以考虑。派-纳力的公式见第 2 章。

4.2.2.2　位错线张力引起的阻力

大量位错运动时，要涉及位错增殖。如以 Frank-Read 源机制增殖时，在位错线弯曲

过程中需克服线张力所引起的阻力，即位错增殖的临界切应力为：

$$\tau = \frac{Gb}{l} \tag{4-3}$$

式中　l——位错源的线长度；

　　　G——剪切模量；

　　　b——柏氏矢量。

4.2.2.3 位错的长程弹性交互作用

可用图 4-3 所示的位错组态定量地估计这种相互作用对流变应力的贡献。若有一刃型位错欲从位于两相邻滑移面上的同号刃型位错之间滑过时，必然受到由弹性交互作用所引起的阻力，所需克服的切应力阻力为：

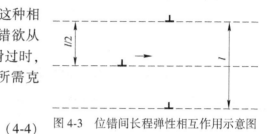

图 4-3　位错间长程弹性相互作用示意图

$$\tau = \frac{Gb}{2\pi(1-\nu)l} \approx \frac{Gb}{4l} \tag{4-4}$$

式中　l——上下两滑移面的间距。

若再作进一步简化，也可将 l 视为位错的平均距离。类似地，螺型位错所需克服的切应力阻力：

$$\tau = \frac{Gb}{2\pi l} \approx \frac{Gb}{6l} \tag{4-5}$$

将式（4-4）和式（4-5）统一表达为：

$$\tau = \alpha \frac{Gb}{l} \tag{4-6}$$

式中，α 为一常数，其值取决于泊松比及位错的性质、取向等。这种弹性交互作用的特点是对运动位错造成一种长程阻力，与温度的关系不大。温度仅通过 G 随温度的变化而对 τ 产生一定的间接影响。

4.2.2.4 与林位错的相互作用

晶体中除了平行位错（平行于运动位错滑移面的位错）外，还有运动位错的滑移面相交的位错。这些位错称为林位错。运动位错与林位错的交互作用也会产生滑移阻力。

A　会合位错的作用

如图 4-4 所示，虚点线为两相交位错，两相交位错相交于一点，这点为不稳定的四重结点，趋向于分解成两个三重结点 B 和 E 以及一段沿滑移面交线的新位错线 BE。BE 为这两个位错相交后产生的会合位错，长为 $2x$。相交位错若产生会合位错后，要继续滑移时，只有将此会合位错拆散才有可能。可用虚功原理估算拆散会合位错所需的外加切应力。为了方便起见，

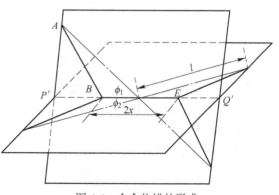

图 4-4　会合位错的形成

设所有位错线段长均为 l，且 $\phi_1 = \phi_2 = \phi$。在外加切应力 τ 作用下，会合位错 BE 缩短 $2dx$。同时，相应的 4 个位错线段的移动距离为 kdx。W_1 和 W_2 分别为原位错和会合位错单位长度的能量，可以得出，在会合位错缩短 dx 时使位错的能量变化为：

$$dE = (4W_1\cos\phi - 2W_2)dx \tag{4-7}$$

相应地，外力做功为：

$$dW = 4\tau blkdx \tag{4-8}$$

令 $dE = dW$，并取 $W_1 = W_2 = \dfrac{Gb^2}{2}$，则得

$$\tau = \alpha \frac{Gb}{l} \tag{4-9}$$

其中，$\alpha = 0.2 \sim 0.3$。显然，温度与会合位错对位错阻力的关系亦来自 G 的间接影响。若考虑晶体结构的影响，在体心立方结构中，用 W_2 代表 <100> 位错的能量，W_1 代表 $\dfrac{1}{2}$ <111> 位错的能量，故 $W_2 > W_1$；而在面心立方结构中，$W_2 = W_1 = W$（均为 $\dfrac{1}{2}$ <110> 位错的能量）。所以，从式（4-7）可以得出，会合位错反应对晶体流变应力的贡献在面心立方结构中比在体心立方结构中更大。

    B   位错交截产生割阶的作用

通过交截形成割阶所产生的阻力具有短程性质，其作用区间与林位错的宽度 d 相当。如林位错为非扩展位错时，$d = b$；如为扩展位错时，$d = b + r_e$（r_e 为扩展宽度）。

对这一作用产生的阻力可作如下估算。如图 4-5 所示，当运动位错与林位错（其平均间距为 l）相遇时，形成割阶的长度大体上为 d，故割阶形成能约为 $\alpha Gb^2 d$。由于割阶无长程应力场，其能量主要由心部决定，可取 $\alpha \approx 0.2$。同时，外力所做的功如图 4-5 中斜线部分所示，其值为 σbld。假设外力所做的功等于割阶的形成能，则有：

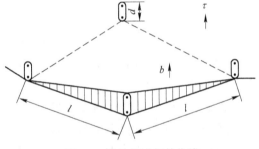

图 4-5   运动位错与林位错
交截对外力做功示意图

$$\tau bld = \alpha Gb^2 d \tag{4-10}$$

故得

$$\tau = \alpha \frac{Gb}{l} \tag{4-11}$$

在此式中，由形成割阶产生的切应力阻力 τ 与温度的关系仅来自 G 的间接影响。温度不很高时，带割阶位错线的运动主要靠外应力完成的，可忽略热激活的影响。但当温度较高时，热激活能使得位错和空位的活动性提高，从而会对割阶位错的运动产生影响，使流变应力随温度上升而下降。

上述分析表明，位错运动的阻力来自多个方面。实际上，金属晶体的流变应力可能是以上几方面的阻力，甚至更多阻力来源共同作用的结果，如孪晶界等也是位错运动的有效障碍。所以，目前对流变应力的估算还只能是粗略的，尚有待于进一步发展。但是，通过

上面对位错运动阻力的推导可见，流变应力的一般表达式应为：

$$\tau = \tau_0 + \alpha \frac{Gb}{l} \qquad (4\text{-}12)$$

式中 τ_0——派-纳应力。

l 的含义尽管对不同的阻力来源有所不同，但大体上都与晶体中位错密度 ρ 有关。ρ 愈高，l 值愈小。对 ρ 与 l 的关系可近似表达为：

$$l \propto \rho^{-\frac{1}{2}} \qquad (4\text{-}13)$$

将式（4-13）代入式（4-12）得

$$\tau = \tau_0 + \alpha Gb\rho^{\frac{1}{2}} \qquad (4\text{-}14)$$

此式已为大量试验所证实。式中，τ_0 为没有加工硬化时的切应力；α 为与材料有关的常数，常在 $0.2\sim0.5$ 范围内；G 是剪切模量；b 是柏氏矢量；ρ 是位错的平均密度。

4.3 固 溶 强 化

位错在固溶体合金中运动时必须克服溶质原子的应力场，因此固溶体合金中位错运动的阻力要比在纯金属中大，固溶体的强度总是要高于其基本金属的强度。固溶强化是金属材料的重要强化方式之一，金属常通过合金化来获得足够高的强度。如图 4-6 所示，金与银是完全固溶的，在整个成分内形成连续固溶体，其强度比纯金属要高。在多数合金系中固溶度是有限的。一般来说，固溶度越有限，单位浓度的溶质原子所引起的晶格畸变也越大，从而对屈服强度的提高也越大。图 4-7 示出了合金元素对铜单晶体和多晶体临界切应力的影响。金

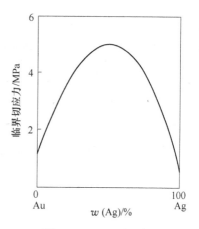

图 4-6　Au-Ag 单晶体临界切应力与成分的关系

属形成合金后，其应变强化能力一般比纯金属要高。在应力-应变曲线上，合金的流变应力以及整个应力-应变曲线都上移。

在固溶体中，流变（屈服）应力随溶质浓度的变化可用下式表示：

$$\sigma = \sigma_0 + kc^m \qquad (4\text{-}15)$$

式中 σ——合金的流变应力；

σ_0——纯金属的流变应力；

c——溶质的原子浓度；

k，m——常数，对于稀固溶体，$m \approx \dfrac{1}{2}$，对于浓固溶体，$m = 1$，对于浓度介于两种情

况之间的固溶体，$m \approx \dfrac{2}{3}$。

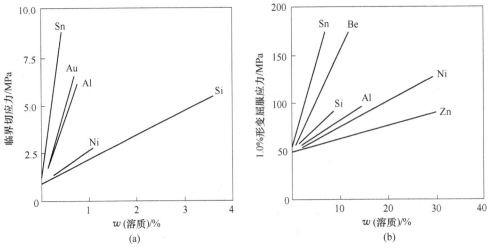

图 4-7 溶质元素对铜的临界切应力的影响

（a）铜单晶体；（b）铜多晶体

例 4-3 两种 Fe-Mn-Al-C 钢的成分、相组成及屈服强度如表 4-1 所示，两种材料中奥氏体的晶粒尺寸相同，试考查碳含量对合金屈服强度的影响。

表 4-1 两种材料对比表

材料	$w(C)/\%$	$w(Mn)/\%$	$w(Al)/\%$	相组成/%	屈服强度 σ_y/MPa
A	0.92	28.8	9.37	γ	433±4
B	0.75	28.89	9.48	$\gamma+0.3\%\alpha$	376±13

解：为研究碳含量对合金屈服强度的影响，可用下式：

$$\sigma_y = \sigma_0 + \frac{k_G}{\sqrt{d}} = \sigma_0' + k_C \cdot [C_{SS}] + \frac{k_G}{\sqrt{d}}$$

式中 σ_0'——纯奥氏体的屈服强度（B 中铁素体含量很低，在此忽略其影响）；

$[C_{SS}]$——奥氏体中的碳含量；

k_C——反映奥氏体中碳含量对屈服强度的影响系数。

则

$$k_C = \frac{\sigma_{yA} - \sigma_{yB}}{[C_{SS}]_A - [C_{SS}]_B} = \frac{(433 \pm 4) - (376 \pm 13)}{0.92 - 0.75}$$

$$= 335 \pm 100 \text{MPa/wt pctC}.$$

需要说明的是，由于两种合金的碳含量均很高，很有可能存在碳化物。因此，为得到精确的 k_C，还需通过实验做进一步的校正。

在同一基体中，不同溶质元素溶解度的大小对强化效果有明显的影响。一般规律为在相同的浓度下，强度的增加与溶质元素溶解度的倒数成正比。

温度对固溶体的流变（屈服）应力也有影响。固溶体对温度的敏感性比纯金属大，并且浓度越高，敏感性越大。当温度升高时流变应力不断减小，固溶体和纯金属变形抗力的差距也越来越小。

通常，可按溶质原子在基体中的分布状态将固溶强化分为均匀强化和非均匀强化两种。前者指溶质原子按统计规律分布于基体中所引起的强化作用，后者则是指溶质原子优先分布于晶体的缺陷附近，或呈有序分布时的强化。均匀固溶强化的机理主要有两种：（1）位错钉扎机制。位错被可运动溶质原子钉扎而造成强化，这种钉扎主要是在合金开始屈服时起作用；（2）摩擦机制。运动的位错受到相对不动的溶质原子所引起的内应力场的阻碍，从而增加了位错运动的阻力。此外，溶质原子通过影响合金中的位错结构，也可以间接地影响位错运动所需应力的大小。

Cottrell 气团强化、Snoek 气团强化、Suzuki 气团强化及有序强化等均属于非均匀固溶强化机制。如前所述，Cottrell 气团和 Snoek 气团分别为溶质原子和刃型位错及螺型位错的交互作用形成的气团。Suzuki 气团的形成与层错有关。在层错区溶质原子和基体两部分浓度不同，这种溶质原子非均匀分布，起着阻碍位错运动的作用。H Suzuki 将此种作用称为化学交互作用。人们称这种组态为 Suzuki（铃木）气团。一般地，在室温条件下很难使 Suzuki 气团和扩展位错分解，即使在高温条件下，Suzuki 气团强化作用也是比较稳定的，而且对刃型位错和螺型位错都有阻碍作用。如某些镍基合金中加入钴，提高了高温强度，这是因为钴能降低镍的层错能，使位错容易扩展，并形成 Suzuki 气团而起到强化作用。扩展位错要脱离 Suzuki 气团，需要滑动的距离比全位错脱离 Cottrell 气团强钉扎所滑动的距离要远得多。虽然 Suzuki 气团受温度影响比较小，但温度也不能太高。因为高温时原子扩散速度加快，Suzuki 气团强化效果也要降低，甚至消失。

在某些合金中，溶质气团的作用表现为一种特殊的流变现象-锯齿形变形，即拉伸曲线呈锯齿形，如图 4-8 所示。锯齿形变形是由 Portevin 和 Le Chatelier 于 1923 年发现，故称为 PLC 效应。其解释为锯齿形变形是动态应变时效的结果。当应力超过上屈服点后位错脱钉，引起应力下降，之后溶质原子通过扩散再次偏聚并钉扎位错，使流变应力再次上升，然后再脱钉。如此反复形成了锯齿形流变曲线。在一定温度下是否发生锯齿形流变与变形速度有关。应变速率过快，位错脱钉后，溶质原子的扩散不能够跟上位错运动的速度，难以再次形成气团，因此不出现锯齿形流动。而当变形速率过慢，溶质原子可以通过扩散始终聚集在位错附近，也不会产生锯齿形流动。同理，当温度较低时，原子扩散速率低，溶质原子不偏聚，不发生 PLC 效应；而当温度很高时，原子扩散迅速，也不发生 PLC 效应。影响和对扩散的影响有关。

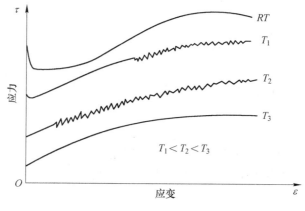

图 4-8 拉伸曲线呈锯齿形

4.4 第二相强化

4.4.1 位错与第二相质点运动方式

在合金组织中含有一定数量的分散的异相粒子时，可使其强度有很大的提高。这种由第二相分散质点造成的强化过程统称为分散强化。

当晶体中的位错在运动的前方遇到第二相质点的阻碍时，它可以不同的方式通过质点。

4.4.1.1 位错切过第二相质点

当位错切过第二相质点时（图4-9），需要做功。其次第二相与固溶体交界处原子排列也不相同，第二相滑移面与固溶体滑移面的柏氏矢量也不相同，增加了位错运动的困难。此外，第二相的形状也有一定的影响。在第二相的体积百分数相同时，位错线与第二相粒子交割的机会并不一样，这与第二相粒子的形状有关。位错线与球状第二相相遇的机会最少，与盘状第二相相遇的机会较多，与棒状第二相相遇的机会就更多。

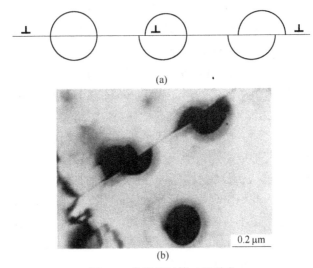

(a)

0.2 μm

(b)

图 4-9 位错切过第二相质点

(a) 模型示意图；(b) TEM 照片

4.4.1.2 位错绕过第二相质点

当质点的尺寸长大到使位错难以借切过的方式通过的时候，位错就用绕过的方式前进（图 4-10）。这种机制是 1948 年由 Orowan 首先提出的，所以也称为 Orowan 机制。

4.4.2 沉淀强化

沉淀强化系指第二相粒子自固溶体沉淀（或脱溶）而引起的强化效应，又称析出强化或时效强化。其物理本质是沉淀相粒子及其应力场与位错发生交互作用，阻碍位错运动。

在一些材料的时效过程中，第二相粒子会发生由与基体共格向非共格的过渡，使强化

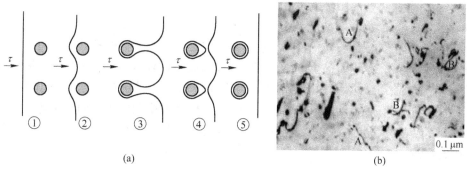

（a）

（b）

图 4-10 位错绕过第二相质点

（a）模型示意图；（b）TEM 照片

机制发生变化。当沉淀相粒子尺寸较小并与基体保持共格关系时，位错以切过的方式同第二相粒子发生交互作用；而当沉淀相粒子尺寸较大并已丧失与基体的共格关系时，位错可以借绕过方式通过粒子。本节主要介绍前一类，后一种变形及强化方式归于弥散强化一类，将在后面讨论。由于粒子可变形，这种强化常称为可变形粒子强化。当第二相为可变形粒子时，其强化机制将主要取决于粒子本身的性质及其与基体的联系，所涉及的强化机制较为复杂，并因合金而异。

4.4.2.1 共格应变强化

共格应变强化理论模型的基本思路是将合金的屈服应力看成沉淀相在基体中引起点阵错配而产生的弹性应力场对位错运动所施加的阻力。可将共格沉淀相粒子看成错配球，在周围基体中引起共格应变场。与溶质原子与位错的弹性交互作用相似，引起基体点阵膨胀的沉淀相粒子与刃型位错的受拉区相吸引，而使基体点阵收缩的沉淀相粒子与刃型位错的受压区相吸引。因此，即使滑移位错不直接切过沉淀相粒子，也会通过共格应变场阻碍位错运动。

由位错与周围沉淀相粒子的弹性交互作用的总和对位错运动的切应力阻力，或临界切应力（增量）应满足下式：

$$\tau_c = \beta G \varepsilon^{\frac{3}{2}} \left(\frac{\lambda}{b} \right)^{\frac{1}{2}} f^{\frac{1}{2}} \tag{4-16}$$

式中　ε —— 共格应变或错配度；

f —— 沉淀相粒子的体积分数；

λ —— 沉淀相粒子间距；

β —— 与位错类型有关的常数（如对刃型位错 $\beta = 3$，对螺型位错 $\beta = 1$）。

4.4.2.2 化学强化

当滑移位错切过沉淀相粒子时，会在粒子与基体间形成新的界面，如图 4-11 所示。由于形成新界面需使系统能量升高，而引起强化效应。由于薄片状粒子表面体积较大，易由位错切过而引起较大的表面积增量，这

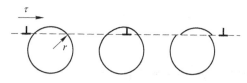

图 4-11 位错切过沉淀相粒子形成新界面示意图

种强化机制对薄片状沉淀相粒子更为重要。

4.4.2.3　有序强化

许多沉淀相粒子是金属间化合物，呈有序点阵结构并与基体保持共格关系。当位错切过这种有序共格沉淀粒子时，会产生反相畴界而引起强化效应。与在长程有序固溶体中位错运动相类似，位错切过有序沉淀相粒子时也易于诱发位错成对运动，如图 4-12 所示。领先位错在其扫过有序沉淀相粒子时，因产生反相畴界而受阻发生弯曲。尾随位错因可消除沉淀相粒子内的反相畴界，能呈直线状跟随领先位错运动。可用下式表达有序强化引起的临界切应力：

$$\tau_c = \frac{\gamma}{2b}\left[\left(\frac{4\gamma r_s f}{\pi T}\right)^{\frac{1}{2}} - f\right] \tag{4-17}$$

式中　f——沉淀相粒子的体积分数；

　　　　γ——反相畴界能；

　　　　r_s——沉淀相粒子的平均半径；

　　　　T——位错线张力。

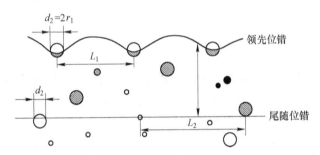

图 4-12　有序沉淀相粒子强化示意图（粒子内影线区表示反相畴界）

4.4.2.4　模量强化

在沉淀相粒子与基体具有不同的弹性模量的条件下，会由于位错接近或进入沉淀相内而引起作用在位错线上的力发生变化，产生强化效应。模量强化的基本点在于作用在位错线上的力与切变模量成线性关系。当位错切过与基体模量不同的沉淀相粒子时，便会由于局部增加或降低作用在位错线上的力而使位错运动受阻，以致需附加的切应力才能切割粒子。在沉淀相粒子与基体的切变模量差别较大时，这种模量强化效应将起着较为重要的作用。

4.4.2.5　层错强化

当沉淀相粒子的层错能与基体不同时，位错的运动也将会受到阻碍，引起强化。可用下式表达层错强化引起的临界切应力：

$$\tau' \approx \frac{\Delta\gamma}{b} \tag{4-18}$$

$$\Delta\gamma = \gamma_m - \gamma_p$$

式中　γ_m——基体的层错能；

　　　　γ_p——沉淀相的层错能。

综上所述，沉淀强化可能是以上各种强化机制综合作用的结果。在一般情况下，常以共格应变强化作用为主。当然，对不同合金而言，起主要作用的强化机制可能有所不同，应视具体情况而定。

4.4.3 弥散强化

弥散强化是通过在合金组织中引入弥散分布的硬粒子，阻碍位错运动，导致强化效应。所谓硬粒子是指粒子本身不变形，位错难于切过。对作为强化相的硬粒子有两个基本要求：一是其弹性模量要远高于基体的弹性模量，二是要与基体呈非共格关系。获得这样硬粒子的方法有内氧化及烧结等，是人为地在金属基体中添加弥散分布的硬粒子。此外，从强化机制角度也常将合金过时效或钢的回火，作为弥散强化的方法看待。这是从实用上把强化相粒子是否与基体具有共格关系看作区分弥散强化与沉淀强化的界限。

常用的弥散强化相包括碳化物、氮化物和氧化物等。其共同点是障碍强度大，故通常用 Orowan 模型来描述弥散强化的作用机制，即

$$\tau = \frac{Gb}{L} \tag{4-19}$$

式中　τ——临界切应力；

　　　L——硬粒子间距；

　　　G——基体的切变模量。

位错以绕过方式通过障碍，并在障碍粒子周围留下位错环，如图 4-10 所示。在应用 Orowan 公式时，需考虑以下几方面问题。

4.4.3.1 有效粒子间距的确定

在确定弥散粒子间距时，需考虑粒子本身的尺寸及其与基体界面的影响。如图 4-13（a）所示，考虑到粒子本身的尺寸时，应将粒子间距取为：

$$L_\sigma = L - D \tag{4-20}$$

式中　L_σ——有效粒子间距；

　　　D——粒子直径。

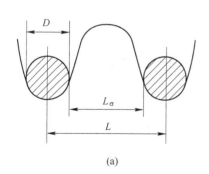
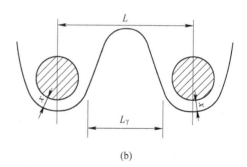

(a)　　　　　　　　　　　　　　(b)

图 4-13　有效粒子间距

（a）不考虑界面的影响；（b）考虑界面的影响

由于弥散相粒子的弹性模量往往显著高于基体，会使基体中的位错受到来自相界面的排斥力。因此，实际上在硬粒子周围会存在其一位错不能进入的区域，如图 4-13（b）所示。这相当于因排斥力而使粒子的直径"增加"了"2x"，则有：

$$L_\gamma = L - D - 2x \tag{4-21}$$

在一般情况下，可取 $x \approx 0.1D$，则

$$L_\gamma = L - 1.2D \tag{4-22}$$

因此，Orowan 公式应取下面的形式：

$$\tau = \frac{Gb}{L - 1.2D} \tag{4-23}$$

4.4.3.2　Orowan 公式的修正

上述分析表明，弥散强化的控制因素主要为粒子的有效间距。进一步分析表明，位错以绕过方式突破障碍粒子时，需通过粒子附近弯曲位错颈部两段异号位错间的相互吸引和销毁才能实现，如图 4-14 所示。因此，实际控制位错绕过机制的关键应取决于粒子附近弓弯位错颈部异号位错间开始吸引时，颈部距离 R 的大小。考虑到相界面对位错的排斥距离，取 $R \approx 1.2D$。由此，可对 Orowan 公式进行修正。

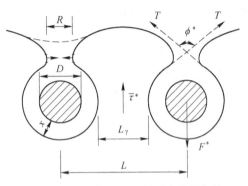

图 4-14　位错绕过粒子的弓弯临界条件

如图 4-14 所示，位错绕过粒子的临界条件应是：

$$F^* = 2T\cos\frac{\phi^*}{2} \tag{4-24}$$

而且

$$F^* = \tau^* bL \tag{4-25}$$

故得

$$\tau^* = \frac{2T}{Lb}\cos\frac{\phi^*}{2} \tag{4-26}$$

其中，L 为粒子中心距离；T 为位错线张力，可由下式表达：

$$T = \frac{Gb^2}{4\pi K}\ln\frac{R}{r_0} \tag{4-27}$$

其中，R 为位错绕过起始颈部距离；r_0 为位错中心尺寸，可取 $r_0 = b$；K 为与位错性质有关的系数，可近似取 $K = 1$。故将式（4-27）代入式（4-26），得：

$$\tau^* = \frac{Gb}{2\pi L}\ln\frac{R}{b}\cos\frac{\phi^*}{2} \tag{4-28}$$

故得如下修正的 Orowan 公式：

$$\tau^* = \frac{Gb}{2\pi L}\ln\frac{1.2D}{b}\cos\frac{\phi^*}{2} \tag{4-29}$$

可见，影响弥散强化效果的主要因素应包括粒子间距 L 和粒子直径 D 两个参数。这两个参数在时效合金中有一定关系，在粒子体积分数一定的条件下，粒子尺寸越大则间距也增大，综合考虑粒子的尺寸与间距对强化效果的影响较为合理。

4.5 相变强化

相变强化是指通过控制固态相变来强化金属材料的方法。可以用来强化金属材料的固态相变主要有马氏体相变强化（以及下贝氏体相变强化等）、时效强化和共析反应等，所有这些固态相变都需要进行热处理。相变强化往往不是一种孤立的强化方式，而是固溶强化、沉淀强化、形变强化和细晶强化等多种强化效果的综合。在此仅介绍马氏体相变强化。

钢中的马氏体相变是钢强化的重要手段之一。马氏体是钢中 FCC 结构的奥氏体淬火至 M_s 点以下时生成的 C 固溶在 α-Fe 中的过饱和间隙固溶体，具有很高的强度和硬度。马氏体具有高强度和高硬度的原因可归结为：碳原子作为间隙原子固溶在 α-Fe 晶格的扁八面体间隙中，不但造成晶格膨胀，还使点阵发生不对称的畸变，形成一个强烈的应力场。该应力场与位错发生强烈的交互作用，阻碍位错运动，从而提高了马氏体的强度和硬度。发生马氏体相变时在合金内形成大量的亚结构，无论是低含碳量的板条状马氏体的高密度位错，还是高含碳量的片状马氏体的微细孪晶，都会阻碍位错的运动，从而使马氏体强化。马氏体形成以后，碳以及合金元素的原子都会向位错或其他晶体缺陷处扩散并偏聚或析出，钉扎位错，使位错运动困难，即产生时效强化。

淬火钢的强度和硬度与钢中马氏体的含量有密切的关系。淬火后钢中马氏体的含量越多，钢的强度和硬度也越高，马氏体的相变强化效果就越好。对于成分一定的钢，可通过选择合适的奥氏体化条件和淬火工艺，以减少淬火后残余奥氏体的数量，从而提高合金中马氏体的数量以增加马氏体的相变强化效果。

在钛合金中也会发生马氏体相变。两相钛合金从 β 相区或近 α 钛合金自高于 M_s 温度快冷时，β 相发生无扩散相变，转变为马氏体。时效过程中，马氏体分解为弥散相而使合金强化。钛合金的淬火时效强化过程类似于钢的淬火回火，两者主要区别在于：钢淬火所生成的马氏体可造成强化和硬化，而回火是为了降低马氏体的硬度，提高塑性；钛合金则相反，β 相转变生成的马氏体不引起显著的强化，强化主要是靠时效过程中马氏体分解所得到的弥散相，这与亚稳 β 相的时效强化机制相同。

4.6 复合材料的强化

复合材料是由两种或两种以上异质、异形或异性的材料复合而成的新型材料。它既能保留原组成材料的主要特色，又能通过复合效应获得原组分所不具备的性能。

一般材料的简单混合与复合材料有着本质上的区别，主要体现在两个方面：一是复合材料不仅保留了原组成材料的特点，而且通过各组分的相互补充和关联可以获得原组分所不具备的特殊功能；二是复合材料的可设计性，如结构复合材料不仅可根据材料在使用中受力的要求进行组元选材设计，更重要的是还可进行复合结构设计，即增强体的比例、分布、排列和取向等的设计。对于结构复合材料来说，是由能承受载荷的增强体组元与既能连接增强体成为整体又起传递力作用的基体组元构成的。由不同的增强体和不同的基体即可组成名目繁多的结构复合材料。本节以纤维增强复合材料和粒子增强型复合材料为例介绍其强化机制。

4.6.1 纤维增强复合材料的增强机制

纤维增强复合材料是由高强度、高弹性模量的连续（长）纤维或不连续（短）纤维与基体（树脂或金属、陶瓷等）复合而成。在复合材料受力时，高弹性、高模量的增强纤维承受大部分载荷，而基体主要作为媒介，传递和分散载荷。图 4-15 示出了单向纤维增强复合材料的模型及典型体积元。

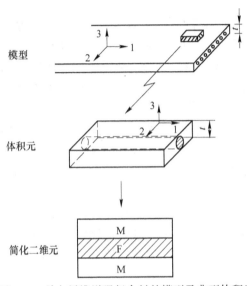

图 4-15   单向纤维增强复合材的模型及典型体积元

t—厚度；M—基体；F—纤维

单向纤维增强复合材料的断裂强度和弹性模量 E 与各组分材料性能关系如下：

$$\sigma_c = k_1 [\sigma_f V_f + \sigma_m (1 - V_f)] \tag{4-30}$$

$$E_c = k_2 [E_f V_f + E_m (1 - V_f)] \tag{4-31}$$

式中 σ_f, E_f——纤维断裂强度和弹性模量；

       E_m——基体材料的弹性模量；

       σ_m——纤维被拉伸到断裂强度时基体所承受的拉伸应力；

       V_f——纤维体积分数；

    k_1, k_2——常数，主要与界面强度有关。纤维与基体界面的结合强度还与纤维的排列、分布方式、断裂形式有关。

为达到强化的目的，必须满足下列条件：

（1）增强纤维的强度、弹性模量应远远高于基体，以保证复合材料受力时主要由纤维承受外加载荷。

（2）纤维和基体之间应有一定的结合强度，以保证基体所承受的载荷能通过界面传递给纤维，并防止脆性断裂。

（3）纤维的排列方向要和构件的受力方向一致，才能发挥增强作用。

（4）纤维和基体之间不能发生使结合强度降低的化学反应。

（5）纤维和基体的线膨胀系数应匹配，不能相差过大，否则在热胀冷缩过程中会引起纤维与基体结合强度降低。

（6）纤维所占的体积分数，纤维长度 L 和直径 d 及长径比 L/d 等必须满足一定要求。一般是纤维所占的体积分数越高、纤维越长、越细，增强效果越好。

4.6.2　粒子增强型复合材料的增强机制

当纤维的长径比接近 1 的时候，纤维变成微粒。在纤维增强材料中，纤维是主要的承载组分。而在微粒增强材料中，载荷是由基体和微粒共同承担的。微粒以机械约束的方式限制基体变形，从而产生强化。当微粒比基体更硬时（即模量大时），微粒以其坚硬的界面限制基体的变形，产生应力水平较高的液体静压力。随着外载荷的增加，这种应力也增大，可达到未受约束基体屈服强度的 $3\sim3.5$ 倍，一直到微粒开裂并导致基体发生断裂，使复合材料失效。按照颗粒尺寸大小和数量多少可分为：弥散强化的复合材料，其粒子直径 d 一般为 $0.01\sim0.1\mu m$，粒子体积分数为 $1\%\sim15\%$；颗粒增强的复合材料，粒子直径 d 为 $1\sim50\mu m$，体积分数为大于 20%。

（1）弥散强化复合材料的增强机制。这类复合材料是一种或几种材料的颗粒（$d<0.1\mu m$）弥散、均匀分布在基体材料内所形成的材料。其增强机制是：在外力的作用下，复合材料的基体主要承受载荷，而弥散均匀分布的增强粒子将阻碍导致基体塑性变形的位错运动（如绕过机制）。增强粒子大多是氧化物和碳化硅化合物，其熔点、硬度较高，化学稳定性好。因此，当粒子加入后，不但使常温下材料的强度、硬度有较大提高，而且使高温下材料的强度下降幅度减小，即弥散强化复合材料的高温强度高于单一材料。强化效果与粒子直径及体积分数有关，质点尺寸越小、体积分数越高，强化效果越好。

（2）颗粒增强复合材料的增强机制。颗粒增强复合材料的性能既具有陶瓷的高硬度及耐热性，又具有脆性小、耐冲击等优点，显示了良好的复合效果。颗粒增强复合主要不是为了提高材料强度，而是为了改善材料的耐磨性或综合的力学性能。

习题与思考题

4-1　请列举对纯金属和合金可能采取的强化机制。

4-2　说明提高材料屈服强度的途径。

4-3　一段直的位错线在运动中受到间距为λ的第二相颗粒的阻碍，试求该位错线按绕过机制继续运动所需的切应力。

4-4　相对于铁素体+珠光体钢，铁素体+马氏体双相钢具有更高的强度和硬度，其原因为何？

4-5　比较钢在淬火回火和钛合金淬火时效过程中性能变化的差异，并分析其原因。

4-6　从微观结构角度说明合金强化的主要机制，并举出实例。

4-7　对于双相材料，试写出 Hall-Petch 公式的表达式。

4-8　比较纤维增强复合材料与粒子增强复合材料强化机制的异同。

5 材料的变形和再结晶

塑性变形不仅是一种材料成形的手段，还是一种改善材料性能的重要方法。在冷塑性变形后，金属和合金的组织将产生显著的变化，从而影响材料的性能。为使塑性变形能够顺利进行和对材料的微观组织进行调控，常在冷塑性变形过程中或在塑性变形后对制品进行退火。同时，材料的热变形既保证了材料能够在较低的应力下变形，同时也达到了实现组织调控的目的。了解塑性变形及退火过程中的组织性能演变规律对掌握材料的组织性能控制方法十分重要。

5.1 冷变形对材料组织与性能的影响

5.1.1 显微组织演变

5.1.1.1 纤维组织

经塑性变形后，材料的显微组织会发生明显的改变。变形前如果晶粒的形状是等轴的，变形后会沿主变形方向伸长。当变形量很大时，晶粒的界面会变得模糊不清，难于辨别出晶粒，可观察到沿变形方向出现纤维条带，称为纤维组织，如图 5-1 所示。在这种情况下，材料沿主变形方向的强度高于垂直于主变形方向的强度。在组织观察中，沿最大主变形方向取样观察，才能真实地反映出变形组织。

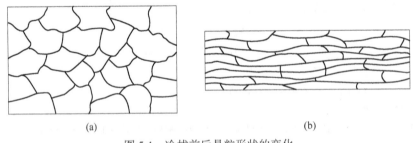

(a)   (b)

图 5-1 冷拔前后晶粒形状的变化

(a) 变形前的退火组织；(b) 变形后的拉拔组织

5.1.1.2 亚结构

在塑性变形过程中，材料的位错密度急剧增加。随着位错密度的增大，位错的组态及分布也发生变化。由于位错运动过程中的交割和相互作用，会产生位错的缠结。位错的分布是不均匀的，位错线在某些区域聚集，而在某些区域较少，从而形成胞状结构，胞壁上的位错密度大大高于胞内。随着形变量的进一步增大，位错胞的数量增多，尺寸减小，使晶粒分割成许多位向差略有不同的小晶块，各晶胞之间存在微小的位向差，即形成亚结构。

5.1.1.3 形变织构

在多晶体变形的过程中，每个晶粒的变形都要受到周围晶粒的约束。为了保持变形的连续性，各个晶粒在变形时也会发生转动。因此，在变形时会出现晶粒择优取向的现象，即在形变过程中，由于晶粒的转动使原来取向任意的晶粒中某一个特定的晶面或晶向与某一形变面或方向相一致。此种情形称为形变织构。在材料的轧制、挤压和拉拔等过程中，都会产生形变织构。

根据加工方法的不同，形变织构可分为两种类型。如在挤压和拉拔中，变形方式为轴对称，晶粒中某一特定的晶向与主变形方向平行，称为丝织构。冷镦变形会使多晶体中的各个晶粒的某一晶面垂直于压力轴方向，也属于丝织构。对板材轧制而言，某一特定的晶面和晶向分别平行于轧制平面和轧制方向，称为板织构。丝织构和板织构的示意图见图5-2 和图 5-3。几种常见金属的织构如表 5-1 所示。

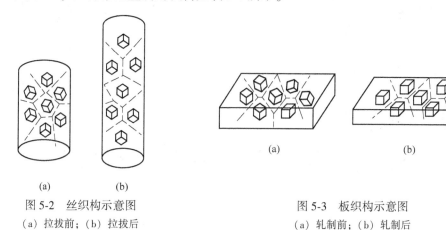

图 5-2　丝织构示意图　　　　　　　　　　图 5-3　板织构示意图
（a）拉拔前；（b）拉拔后　　　　　　　　　（a）轧制前；（b）轧制后

表 5-1　典型金属材料的形变织构

晶体结构	金属或合金	丝织构	板织构
体心立方	α-Fe，Mo，W 铁素体钢	⟨110⟩	{100}⟨011⟩ + {112}⟨110⟩ + {111}⟨112⟩
面心立方	Al，Cu，Au，Ni，Cu-Ni Cu+Zn	⟨111⟩ ⟨111⟩ + ⟨100⟩	{110}⟨112⟩ + {112}⟨111⟩ + {110}⟨112⟩
密排六方	Mg，Mg 合金 Zn	⟨2130⟩ ⟨0001⟩ 与丝轴成 70°	{0001}⟨10$\bar{1}$0⟩ {0001} 与轧制面成 70°

实际上，多晶体材料中的晶粒经过变形后，所有晶粒不可能都完全转到织构的取向上，其程度取决于加工变形的方法、变形量、变形温度以及材料的状态（金属类型、杂质元素含量和材料内原始取向等）。织构可用 X 射线衍射方法或扫描电镜下的 EBSD 表征技术来测定，用极图来度量。如图 5-4 所示为冷轧铝板的 {111} 极图，其织构指数为 {110}⟨112⟩。材料的织构也可以用反极图来表示，反极图尤其适用于描述纤维织构。图 5-5 示出了挤压铝棒的反极图，该铝棒具有 ⟨001⟩ 和 ⟨111⟩ 双织构。由于极图实质上是三维坐标在二维的投影，在描述织构时有局限性。目前，多采用取向分布函数（Orientation Distribution Function，ODF）来表征晶体（或样品）要素三维空间分布情况，通常以三个参数表示。以晶体要素为例，以极角 ϕ_1 及极距 ϕ 参数表示晶轴或晶面极点的

取向，以 ϕ_2 表示晶体绕晶体轴的旋转角度。ϕ_1、ϕ_2 均取欧拉角形式，表示晶体坐标系与样品坐标系间相应坐标轴有次序的旋转关系。ODF 不能直接测定，需由一系列极图数据来计算，过程很繁杂，现已有成熟的计算机软件（如 HKL 分析软件）。图 5-6 示出了压下量为 50% 时冷轧硅钢的晶粒取向分布（部分横 ϕ_2 截面）。

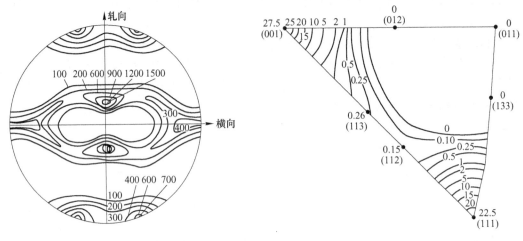

图 5-4　冷轧铝板的 {111} 极图　　　　　图 5-5　挤压铝棒的反极图

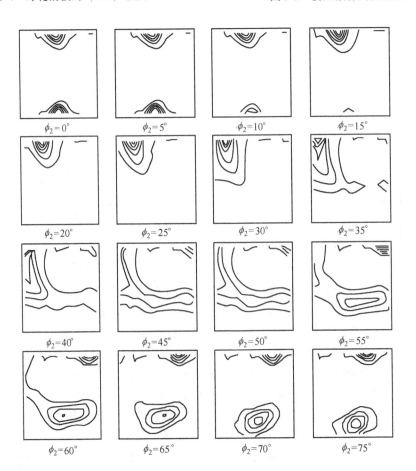

$\phi_2 = 0°$　　　$\phi_2 = 5°$　　　$\phi_2 = 10°$　　　$\phi_2 = 15°$

$\phi_2 = 20°$　　$\phi_2 = 25°$　　$\phi_2 = 30°$　　$\phi_2 = 35°$

$\phi_2 = 40°$　　$\phi_2 = 45°$　　$\phi_2 = 50°$　　$\phi_2 = 55°$

$\phi_2 = 60°$　　$\phi_2 = 65°$　　$\phi_2 = 70°$　　$\phi_2 = 75°$

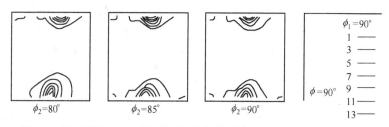

图 5-6 压下量为 50% 时冷轧硅钢的晶粒取向分布（部分恒 ϕ_2 截面）

5.1.2 性能的变化

在塑性变形过程中，由于材料组织内部发生变化，其力学、物理和化学性能均发生相应的变化。

5.1.2.1 力学性能的变化

如前所述，在冷变形过程中，材料会产生加工硬化，即材料的强度和硬度增加，但是塑性下降。同时，由于金属材料在变形过程中会产生织构，导致材料在不同方向上性能不同，呈现各向异性。一般情况下，织构所造成的材料的各向异性是有害的。例如，当将带有织构的薄板冲压成杯状零件时，如果板材是各向同性的，或各向异性不明显，经深冲后冲杯边缘通常是平整的。而对于具有各向异性的材料，由于板材在各个方向上变形能力不同，使冲压出来的工件边缘不齐，即出现"制耳"，如图 5-7 所示。冲压后出现的制耳需要切除，

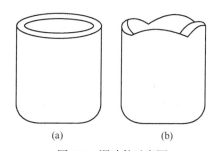

图 5-7 深冲件示意图
（a）无织构制件；（b）形成"制耳"的制件

因此增加了材料的损耗和切边工序。同时，还会因各向异性的存在使冲压件产生壁厚不均的现象，影响制品质量。为了避免各向异性的影响，消除或减轻制耳效应，可以采用调整塑性加工工艺和退火制度的方法，也可以改变材料的化学成分。

但在某些情况下，织构也会带来有利的影响。例如硅钢片沿 [001] 最易磁化。因此，当采用具有 (110) [001] 织构的硅钢片制作电动机或变压器的铁芯时，可以减少铁损，提高效率。这时，需要通过采用合理的冷轧和退火制度，使材料具有明显的各向异性。此外，还可以利用材料的织构获得强化。如在平面应力的作用下，密排六方结构的钛板如有较强的 (0001) 织构可具有很高的强度，适合用作制备抗压容器。

5.1.2.2 其他性能的变化

塑性变形后在材料内部会出现显微裂纹或空洞，使材料的密度降低。

经塑性变形的金属材料，由于出现点阵畸变、空位和位错等结构缺陷，其物理性能和化学性能也发生一定程度的变化。

塑性变形通常可使金属的电阻率增加，其增加的程度与变形量成正比，但增加的速率因条件而异。此外，经塑性变形后，金属的磁导率下降，热导率也有所降低，铁磁材料的磁滞损耗及矫顽力增大。

塑性变形使金属中的结构缺陷增加，导致扩散过程加速，金属的化学活性增大，腐蚀

速率加快，耐腐蚀性能降低。冷变形所产生的内应力是造成"应力腐蚀"的一个重要原因，在实际应用中是非常严重的问题。例如，冷加工后的黄铜在氨气、铵盐、汞蒸气及海水中会发生腐蚀破裂。通过去应力退火可以消除内应力，防止应力腐蚀的产生。

5.1.3 冷变形材料的储存能

金属材料在冷变形时所消耗的能量，大部分转变成热能而消失。当外力去除后，其中的一小部分（约10%）仍存留在材料内部，这部分能量称为储存能。储存能以点缺陷、位错和层错的形式存在于金属晶体之中。

凡是引起材料加工硬化的因素均能使储存能增加。储存能的高低与溶质原子的含量、晶粒尺寸及第二相性质有关。储存能随着溶质原子的增多而增大。晶粒尺寸越小，储存能越高。第二相与基体变形的不协调性增加，储存能也增加。

变形条件对材料的储存能有显著的影响。变形温度下降，应变速率增加和变形程度增加，储存能增加。当材料在变形过程中的不均匀变形程度增加时，储存能增加。

5.2 材料的回复和再结晶

经冷变形的材料吸收了部分变形功，存在储存能，其内能增高，处于热力学不稳定的状态。当温度较低时，原子扩散能力低，这种亚稳态可一直保持。如果有合适的动力学条件，如提高温度，原子的扩散能力增强，材料就会向低能状态转变，发生组织结构与性能的变化。对冷变形金属进行加热，消除形变带来的加工硬化，称为退火。退火的种类有两种：（1）中间退火。即两次冷加工变形（冷轧或拉伸）之间以软化为目的的再结晶退火，从而获得好的塑性和低的变形抗力，以便于进一步的冷加工；（2）成品退火。将退火作为最终的制品热处理，通过冷变形量和退火制度的控制，得到不同强度和塑性的组合，获得不同性能的制品。

冷变形金属及合金在加热过程中会发生回复、再结晶及晶粒长大。图5-8示意地给出了冷变形金属在退火时组织与性能的变化。

根据冷变形金属在加热时的组织性能变化特点，可将软化过程分成三个阶段：当加热温度较低时，晶粒的形状没有改变，但其内部会发生空位浓度及位错密度的变化或形成亚晶，此阶段称为回复阶段。当加热温度达到一定温度时，在组织中会生成无畸变的新晶粒，此阶段为再结晶阶段。当温度继续升高，会发生晶粒的长大。

5.2.1 回复

将冷变形金属加热至回复温度时，变形金属的显微组织无明显变化，晶粒仍然保持纤维状或扁平状的变形组织。材料的力学性能如硬度和强度变化不大，塑性略有回升。物理和化学性能发生明显的变化，如电阻显著减小，抗应力腐蚀能力提高。

一般认为，在发生回复时，点缺陷和位错发生运动，它们的组态分布和数量发生变化。在较低温度时加热，空位可以移至晶界或位错处而消失，也可以聚合形成空位对或空位群，或通过与间隙原子发生作用而消失，其结果是使点缺陷密度明显下降。当加热温度较高时，不仅原子有较高的活动能力，位错也会发生运动。

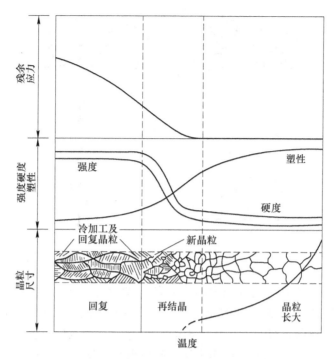

图 5-8 冷变形材料退火时典型性能的变化及组织演变

5.2.1.1 回复机制

根据回复温度的不同，冷变形金属的回复机制有以下几种：

（1）低温回复。低温加热时，回复主要与点缺陷的迁移有关。点缺陷运动所需的热激活较低，在较低的温度下点缺陷即可发生运动，迁移至晶界或金属表面。通过空位与位错的交互作用、空位与间隙原子的结合以及空位聚集而形成位错环等，使点缺陷密度明显下降。因此，对点缺陷很敏感的电阻率也显著下降。

（2）中温回复。加热温度较高时，发生位错的运动和重新分布，回复主要与位错的滑移有关。同一滑移面上的异号位错可以相互吸引而抵消。

（3）高温回复。当温度进一步提高（~$0.3T_m$），刃型位错可获得足够的能量产生攀移。在滑移面上不规则分布的位错重新分布，刃型位错排列成位错墙，这种分布可显著降低系统的能量，释放应变能。当塑性变形使晶体点阵发生弯曲时，位错通过滑移和攀移，可形成如图 5-9 所示的位错分布，即发生多边形化过程，形成了取向差不大的小区域，即形成了亚晶。

根据回复机制可知，在回复过程中位错密度下降不显著，硬度和强度略有下降。例如，工业上利用回复现象进行低温退火既可保留材料的力学性能，又使应力基本上得到消除。又如导电材料冷变形后，获得了所需的强度，但电阻显著增大，也可采用低温退火恢复其导电性且保持强度。

5.2.1.2 回复动力学

为了描述材料力学性能回复的程度，引入 $r = \dfrac{\sigma_m - \sigma_r}{\sigma_m - \sigma_0}$ 作为回复参数。其中 σ_m 为变形

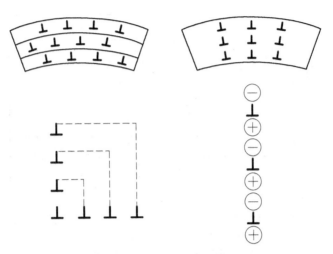

图 5-9　多边形化过程示意图

后的流变应力，σ_0 为变形前（或完全退火）的流变应力，σ_r 为回复过程中的流变应力，则 r 即为回复的分数，$1-r$ 是残余的硬化分数。图 5-10 为纯铁在 0℃下拉伸变形 5% 后经不同温度退火时 $1-r$ 随退火时间的变化。由图 5-10 可见，回复的特点为：（1）无孕育期；（2）在一定温度下，初期的回复速率很快，随后逐渐减慢，直至趋近于零；（3）温度越高，初始回复速率越快，且软化作用越大。此外，材料预变形量的增加有利于回复过程的加速。

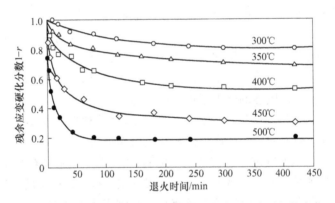

图 5-10　多晶体纯铁等温退火残余硬化分数随退火时间的变化

回复的特征可用 Arrhenius 型反应方程描述：

$$\frac{\mathrm{d}r}{\mathrm{d}t} = A\exp\left(-\frac{Q}{RT}\right) \tag{5-1}$$

式中　r——泛指各种性能的回复分数；

$\quad\quad$ A——速率常数；

$\quad\quad$ Q——和过程相关的激活能；

$\quad\quad$ R——摩尔气体常数。

对式（5-1）两边取对数，得

$$\ln\frac{\mathrm{d}r}{\mathrm{d}t} = \ln A - \frac{Q}{RT} \tag{5-2}$$

以 $\ln\dfrac{\mathrm{d}r}{\mathrm{d}t}$ 或 $\ln\dfrac{1}{t}$ 对 $\dfrac{1}{T}$ 作图，获得直线，直线斜率为 $\dfrac{Q}{R}$。为此，通过实验求得不同回复温度下回复到某一程度的时间 t，作 $\ln t - \dfrac{1}{T}$ 图，即可获得回复过程的激活能。

5.2.2 再结晶

当冷变形金属的加热温度高于回复温度时，在变形组织的基体上可形成新的无畸变的晶核，并长大形成等轴晶粒，逐渐取代全部变形组织，这个过程称为再结晶。再结晶使冷变形金属恢复到原来的软化状态。将加工硬化的材料加热到再结晶温度以上，使其发生再结晶过程称为再结晶退火。

再结晶广泛应用于材料的加工过程，是许多材料制备过程中必不可少的环节。材料的再结晶是调整组织的有效手段，如细化晶粒和调整织构等。尤其是对于没有相变的材料如纯金属，再结晶处理是改善组织的重要手段。

与回复相同，再结晶的驱动力也是冷变形所产生的储存能的释放。再结晶包括形核与长大两个过程。

5.2.2.1 再结晶机制

再结晶形核主要有三种机制：

（1）与亚晶相关的机制

1）亚晶聚合机制

回复阶段形成的亚晶在退火过程中，其亚晶界上的位错网络会发生离解，位错发生滑移和攀移。这些位错逐渐转移到其他的亚晶界上，从而导致相邻亚晶界的消失，引起亚晶合并。合并后的亚晶尺寸较大，且亚晶界上位错密度增加，使相邻亚晶之间的位向差增加，逐渐转变为大角晶界。这些大角晶界具有较大的迁移率，会不断吸收基体的位错，最后形成再结晶核心。亚晶聚合时往往伴随着亚晶长大。

2）亚晶长大机制

在一个位错密度大的小区域，位错通过攀移和重新排列释放它的储存能，其结果是形成亚晶。亚晶粒通过不断获得更多的位错，逐渐变得比相邻晶粒具有更大的取向差。最后，亚晶界转变为普通晶界。

（2）晶界弓出形核

当变形程度较小（一般小于20%），其再结晶核心多以晶界弓出的方式形成。此时，各晶粒之间的变形是不均匀的，从而引起位错密度的不同或亚晶尺寸的差异。可以观察到大角晶界上有一小段向位错密度较高或胞状组织尺寸较为细小的一侧凸起，而被晶界扫过的区域的储存能基本得到释放。

三种再结晶形核机制的示意图见图5-11。

在再结晶晶核形成之后，它们在高温下会长大。晶界迁移的驱动力是再结晶晶粒与周围变形基体之间的应变能之差。晶界两侧的应变能差越大，晶界迁移速度越快。当全部再结晶的晶粒相互接触时，再结晶过程结束。

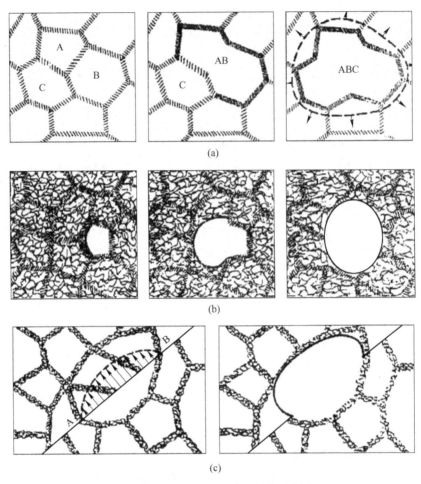

图 5-11   三种再结晶形核机制的示意图

（a）亚晶聚合形核；（b）亚晶长大形核；（c）晶界弓出形核

5.2.2.2 再结晶动力学

再结晶是形核和长大的过程，其动力学与相变动力学相似。铝的再结晶的等温动力学曲线如图 5-12 所示。在再结晶退火初期，有一段孕育期，这是由于从小角晶界到大角晶界需要一定的时间。之后再结晶速率逐渐增加，在再结晶接近终了时，其速率再次下降。

Johnson 和 Mehl 方程此时是适用的。若考虑均匀形核，形核率 I 及长大速率 v 为常数，则动力学方程可表达为

$$X = 1 - \exp\left(-\frac{1}{4}fv^3It^4\right) \quad (5-3)$$

其中，f 为晶粒的形状因子。

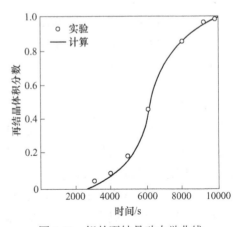

图 5-12   铝的再结晶动力学曲线

式（5-3）是按照三维长大导出的，如果核心以二维方式或一维方式长大，则 v 和 t 的方次会有所降低。

假定形核率 I 随时间的增加而下降，其形式为

$$I = a\exp(-vt)$$

其中 a 和 v 是常数，由此得到的动力学方程为

$$X = 1 - \exp(-Bt^n) \tag{5-4}$$

式（5-4）称为 Johnson-Mehl-Avrami（JMA）方程。式中，B 和 n 是取决于再结晶类型的参数。

例 5-1 某材料完成 50% 再结晶的时间为 350s，试求完成 95% 再结晶的时间。

解： 已知新晶粒为均匀球状时，根据式（5-3），再结晶转变量与时间的关系为

$$X = 1 - \exp\left(-\frac{\pi}{3}v^3It^4\right)$$

整理得

$$\ln(1-X) = -\frac{\pi}{3}v^3It^4$$

即

$$t = \left[-\frac{3}{\pi v^3 I}\ln(1-X)\right]^{\frac{1}{4}}$$

根据题意，再结晶 50% 的时间 $t_{0.5}$ 为

$$t_{0.5} = \left(-\frac{3}{\pi v^3 I}\ln 0.5\right)^{\frac{1}{4}} = \left(\frac{0.66}{v^3 I}\right)^{\frac{1}{4}}$$

故

$$(v^3 I)^{\frac{1}{4}} = (0.66)^{\frac{1}{4}}/t_{0.5} = (0.66)^{\frac{1}{4}}/350$$

$$t_{0.95} = \left(-\frac{3}{\pi v^3 I}\ln 0.05\right)^{\frac{1}{4}} = \left(\frac{2.86}{v^3 I}\right)^{\frac{1}{4}} = 350 \times \left(\frac{2.86}{0.66}\right)^{\frac{1}{4}}\text{s} = 505\text{s}$$

因此，完成 95% 再结晶的时间为 505s。

5.2.2.3 再结晶温度及影响因素

再结晶温度并不是一个物理常数，它不仅随材料的改变而改变，同一材料的原始状态对其也有影响。

再结晶温度的定义为一定时间内完成再结晶的温度。再结晶开始温度一般是在金相显微镜下出现第一个再结晶新晶粒或材料硬度出现明显下降的温度；再结晶终了温度则是在视场中完全没有变形晶粒或硬度下降到一定程度，已达到恒定值时所对应的温度。

影响金属再结晶温度的主要影响因素为：

（1）变形程度。随着冷变形程度的增加，储存能增加，再结晶的驱动力越大，因此再结晶温度越低，同时等温退火时的再结晶速率也越大。但当变形量增加到一定程度，再结晶温度稳定在一定值。

（2）原始晶粒尺寸。在其他条件相同的条件下，金属的原始晶粒尺寸越细小，冷变形后的储存能越高。晶界的能量比晶内高，是再结晶形核的有利位置。因此，晶粒细小的材料再结晶温度较低。

（3）微量溶质原子。微量溶质原子会与位错及晶界发生交互作用，使溶质原子有向位错和晶界偏聚的倾向，从而对位错的滑移和攀移及晶界的迁移起到阻碍作用，不利于再结晶的形核和长大，阻碍再结晶进程，提高再结晶温度。

（4）第二相粒子。第二相粒子对再结晶温度的影响与第二相粒子的尺寸和分布有关。当第二相粒子尺寸较大，间距较宽，再结晶核心可在其表面形成。而当第二相粒子尺寸很小且密度较高时，其存在会阻碍再结晶的进行。

（5）退火工艺参数。再结晶退火的主要工艺参数为：加热速度、加热温度与保温时间。提高加热速度会使再结晶温度升高。当变形程度和退火保温时间一定时，退火温度越高，再结晶速度越快。

可采用金相观察、硬度测试和 X 射线分析等方法测定再结晶温度。

5.2.3　晶粒长大

当再结晶的晶粒已完全替代形变的基体后，虽然形变储能已经完全释放，但是形成了大量细小的新晶粒之后，由于晶界的存在使系统的能量仍较高。如继续升高温度和增加保温时间，则会引起晶粒的进一步长大。晶粒长大可分为两种：正常长大和异常长大。前者表现为大多数晶粒几乎同时均匀长大，而后者为少数晶粒发生不均匀的长大。

5.2.3.1　正常长大

在再结晶过程完成之后，继续升高温度或延长保温时间，晶粒可继续长大。

影响晶粒长大的主要因素有：

（1）温度。温度越高，晶粒长大速率越大，这是因为温度的升高使晶界的迁移率增加。

（2）杂质及合金元素。杂质及合金元素能阻碍晶界运动，特别是对于晶界偏聚显著的元素。一般认为杂质原子被吸附在晶界，可使晶界能量下降，降低界面移动的驱动力，使晶界不易移动。

（3）第二相质点。弥散分布的第二相质点可阻碍晶界的移动。因此，当材料中存在这类第二相质点时，会使晶粒长大受到抑制。

在晶粒长大时，晶界总是向着曲率中心的方向移动，并不断平直化。因此，晶粒长大过程就是大晶粒吞并小晶粒和凹面变平的过程。在理想情况下，二维界面上的平衡晶粒形貌是六边形，有平直的界面，夹角是 120°。此时各界面张力平衡，晶界稳定。在晶粒长大的过程中，多于六条边的晶粒将长大，少于六条边的将消失。

晶粒长大过程通常满足下面的公式

$$D_t = Kt^n \tag{5-5}$$

式中　D_t——时间为 t 时的平均晶粒直径；

　　　K——比例常数；

　　　n——与退火温度有关的指数，一般 n 小于 1/2。

图 5-13 为黄铜在恒温下的晶粒长大曲线；其规律与式（5-5）相符合。

5.2.3.2　异常长大

在再结晶晶粒经过长时间的正常长大后，个别晶粒会发生快速长大现象。晶粒的异常长大又称为不连续晶粒长大或二次再结晶，是一种特殊的晶粒长大现象。发生这种晶粒长

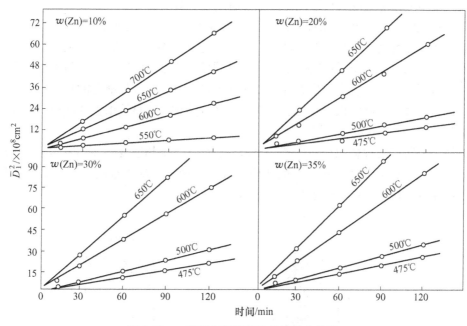

图 5-13　α-黄铜在恒温下的晶粒长大曲线

大时，基体中的少数晶粒迅速长大。发生异常长大的条件是：正常长大过程被分散相粒子、织构或表面热蚀沟等强烈阻碍，能够长大的晶粒比较少，致使晶粒尺寸差别增大。晶粒尺寸差别越大，大晶粒吞并小晶粒的条件越有利，大晶粒的长大速度越快，最后形成晶粒大小极不均匀的组织，如图 5-14 所示。

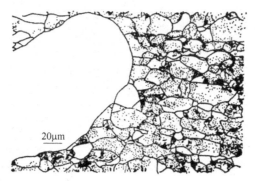

图 5-14　高纯 Fe-3Si 箔材真空退火时所产生的二次再结晶（1200℃）

　　二次再结晶形成非常粗大的晶粒，且组织很不均匀，会降低材料的强度和塑性。因此，在确定冷变形金属再结晶工艺时，应注意避免发生二次再结晶。但是，对于磁性材料如硅钢片，可以利用二次再结晶获得粗大具有择优取向的晶粒，使其具有最佳的磁性。

5.2.4　再结晶退火后的组织

5.2.4.1　晶粒尺寸

　　再结晶退火后的晶粒尺寸主要取决于预先的变形程度和退火温度。一般地，变形程度越大，退火后的晶粒越细小。将再结晶退火后的晶粒尺寸与冷变形量和退火温度间的关系绘制成三维图形，称为静态再结晶图。加热时间通常规定为 1h。

图 5-15 为工业纯铝的再结晶图。可见，当温度一定时，变形程度越大，再结晶晶粒越细小；当变形程度一定时，温度越高，再结晶退火后的晶粒越大。图 5-15 中示出存在两个粗大晶粒区。在低变形程度时出现一个晶粒尺寸非常大的区域。这是由于当变形量很小时，变形不均匀，某些变形量大的区域先发生再结晶，并发生显著的晶粒长大。当冷变形程度很大，且退火温度很高时也会出现某些区域晶粒尺寸显著增大的情形，即发生了二次再结晶。

此外，材料中的合金元素和杂质、原始晶粒尺寸、加热速度和加热时间对退火后的再结晶晶粒大小也有显著的影响。一般来说，杂质和合金元素含量越高，原始晶粒尺寸越细，加热速度越快，晶粒尺寸越小。

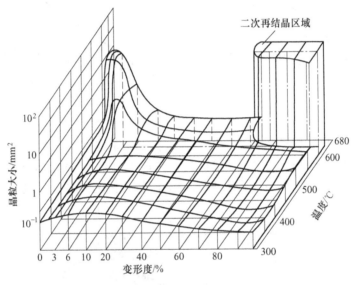

图 5-15　铝的再结晶图

在小变形量进行冷加工后材料再结晶时晶粒极易长大，这时所对应的应变量，通常称为临界变形量（图 5-16）。材料的临界变形量一般为 2%~8%。在材料加工时，应避免在临界变形量附近成形，以免影响材料性能。

5.2.4.2　再结晶织构

通常，具有变形织构的金属经过再结晶后若仍有择优取向，则称为再结晶织构。再结晶织构与原变形织构之间存在两种情况：（1）与原有的织构相一致；（2）原有织构消失，形成新的织构。也有时原有织构消失，不再形成新的织构。

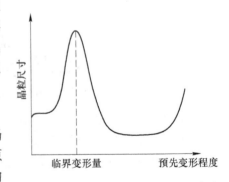

图 5-16　晶粒尺寸与变形量之间的关系

关于再结晶织构的形成机制，主要有定向生长理论与定向形核理论。

（1）定向生长理论：在一次再结晶过程中形成了不同位向的晶核，但只有某些特殊位向的晶核才能长大，即形成了再结晶织构。

（2）定向形核理论：当材料的变形量较大时，材料本身存在较强的织构，再结晶形核具有择优取向，长大后形成与原有织构相一致的再结晶织构。

5.2.4.3 退火孪晶

在面心立方晶体中，当晶粒移动而生长时，原子层在 {111} 面的堆垛次序上发生错误，从而会出现一共格的孪晶界，形成退火孪晶。如铜及铜合金、镍及镍合金和奥氏体不锈钢在再结晶退火后，晶粒内会形成退火孪晶，退火孪晶一般有三种典型的组态：晶界交角处的退火孪晶、贯穿晶粒的完整退火孪晶和止于晶内的不完整退火孪晶，如图 5-17 所示。虽然在回复过程中也会产生孪晶，但一般认为，大部分退火孪晶是在一次再结晶过程中形成的，它们随着晶粒的长大而长大。在晶粒长大过程中也有少量的孪晶生成。图 5-18 示出了黄铜中的退火孪晶。

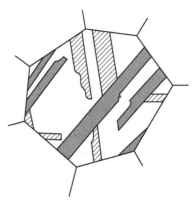

图 5-17 退火孪晶示意图

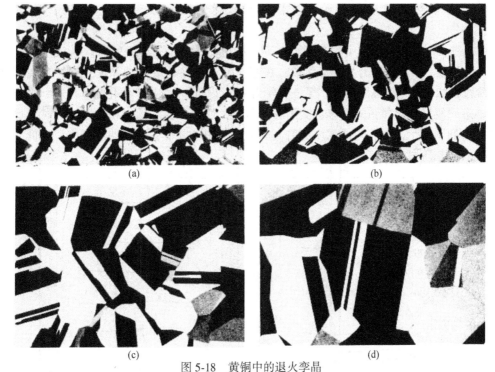

(a)

(b)

(c)

(d)

图 5-18 黄铜中的退火孪晶

(a) 580℃/15min；(b) 580℃/1h；(c) 700℃/10min；(d) 700℃/1h

5.3 材料的热变形

通常将在再结晶温度以上的加工称为"热加工"，而把再结晶温度以下同时又不加热的加工称为"冷加工"。"温加工"则处于两者之间，其变形温度低于再结晶温度，但高于室温。在金属的热变形中，其软化机制主要分为：（1）动态回复；（2）动态再结晶，这里的"动态"是指在变形过程中发生的；（3）亚动态再结晶；（4）静态再结晶；（5）静态回复。后面三种是在热变形停止或中断时，在无载荷的情况下，由热变形余热的作用而发生的软化过程。图 5-19 示意地示出了材料在热轧和挤压时发生的软化过程。

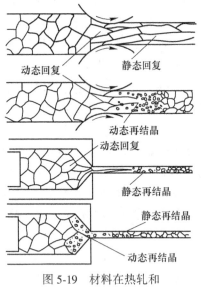

图 5-19　材料在热轧和
热挤压时的软化过程

5.3.1　热变形中的软化过程

5.3.1.1　动态回复

高层错能金属（如 Al、α-Fe、Zr、Mo、W 等）的扩展位错宽度很窄，螺型位错的交滑移和刃型位错的攀移较易进行，位错容易从节点和位错网中出来与异号位错相消。因此，亚结构中的位错密度较低，剩余的储存能不足以引起动态再结晶。动态回复是这类金属热加工过程中起主导作用的软化机制。

在热变形时，如果只发生动态回复，其应力-应变曲线如图 5-20 所示。应力-应变曲线可分为三个阶段。第一阶段为微变形阶段，在这一阶段应力-应变的关系呈直线。当变形进入第二阶段，加工硬化率逐渐降低。第三阶段为稳定变形阶段，加工硬化与软化达到平衡。

动态回复是通过位错的攀移、交滑移和位错的脱钉来实现的，在动态回复时，也会形成亚晶。如图所示，随着变形温度的升高和应变速率的降低，金属的流变应力降低，且更早地进入第二阶段和第三阶段。

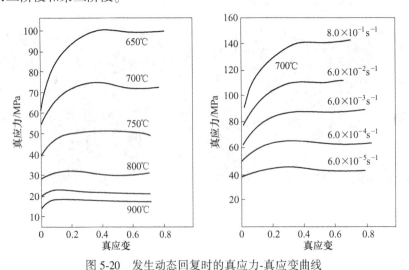

图 5-20　发生动态回复时的真应力-真应变曲线

5.3.1.2　动态再结晶

对于低层错能金属（如 Cu、Ni、γ-Fe、不锈钢等），由于它们的扩展位错宽度很宽，位错的交滑移和刃型位错的攀移难于进行，因此位错的密度降低不显著。这类金属在热变形过程中主要发生动态再结晶。

发生动态再结晶时，金属的应力-应变曲线如图 5-21 所示。在变形过程中，应力很快达到峰值，之后发生软化。在较低的应变速率下，硬化和软化也会达到平衡，即应力趋于稳定。当应力更低时，应力-应变曲线呈波浪形。此时，材料的变形储能不足，当一轮动态再结晶发生后，能量消耗殆尽，需要进一步积累能量，因此硬化作用大于软化作用。当变形储存能积累到一定程度后又开始发生新的再结晶，发生软化。该过程反复进行，在应力-应变曲线上即出现波浪形。但随着变形过程的进行，波浪形的振幅会变小。

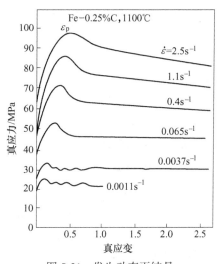

图 5-21　发生动态再结晶的真应力-真应变曲线

发生动态再结晶所必需的最低形变量称为动态再结晶的临界形变量，以 ε_c 表示。ε_c 略低于变形时的真应力-真应变曲线上的应力峰值 ε_p，一般取 $\varepsilon_c \approx 0.83\varepsilon_p$。$\varepsilon_c$ 的大小与材料的成分和变形条件（变形温度、变形速率）有关。

当材料为双相或复相时，根据不同相的特点，会出现不同的机制。例如 Ti_3Al-Nb 合金由三相组成：体心立方的 B2 相、密排六方的 α_2 相和正交斜方的 O 相。B2 相类似于钛合金中的 β 相；α_2 相类似于钛合金中的 α 相。O 相是在合金中加入 Nb 后出现的，与 α_2 相性质类似。如图 5-22 所示，在高温变形过程中，B2 相中发生了动态回复，形成了大量的位错胞（图 5-22（a））；而在 O 相中发生了动态再结晶，在条状晶粒中先形成亚晶，后形成了大角晶界，这从图 5-22（b）中三个晶粒具有不同的取向可以得到证明。

图 5-22　Ti_3Al-Nb 金属间化合物高温变形时的组织

（a）B2 相；（b）O 相

在热加工过程中，动态再结晶也是通过形核和长大完成的。由于在发生了动态再结晶的晶粒中还要发生变形，因此材料中的位错密度比静态再结晶要高得多。当晶粒尺寸相同时，动态再结晶组织的强度和硬度比静态再结晶的要高。

5.3.1.3　Z 参数

应力-应变曲线的应力值 σ、应变速率 $\dot{\varepsilon}$ 和变形温度 T 之间符合以下关系

$$\dot{\varepsilon} = A\sigma^n \exp\left(-\frac{Q}{RT}\right) \tag{5-6}$$

式中　A——常数；

　　　n——应力指数；

　　　Q——变形活化能；

　　　R——气体常数；

　　　T——绝对温度。

发生动态再结晶时，Q 约等于自扩散激活能。

由于低应变速率和高变形温度的作用相似，而高应变速率和低变形温度的作用相似，因此通常用一个可概括变形温度 T 及应变速率的参数 Z 参数（Zener-Hollomom 参数）来描述热加工参数。Z 定义为

$$Z = \dot{\varepsilon}\exp\left(\frac{Q_0}{RT}\right) = f(\sigma_p) \tag{5-7}$$

式中　Q_0——再结晶表观激活能；

　　　R——摩尔气体常数；

　　　σ_p——应力-应变曲线第一个峰值的流变应力值。

因为 Z 随 σ_p 而变，所以 Z 可以表示为 σ_p 的函数。Z 称为温度补偿应变速率因子，可表示 $\dot{\varepsilon}$ 和 T 的各种组合，应用非常方便。变形温度越低，应变速率越快，Z 值变大，即 σ_p 大，动态再结晶开始的变形量也变大，也就是说需要一个较大的变形量材料才能发生再结晶。在实际生产过程中，选择适当的加工温度和应变速率的配合，即选择适当的 Z 参数可以达到控制热加工晶粒尺寸的目的。

5.3.2　热加工后的软化过程

在热变形结束后或热变形的道次间，如果金属的温度仍较高，会发生软化过程。

5.3.2.1　静态回复

金属在热变形过程中，会形成位错胞，使材料的内能升高，处于热力学不稳定状态。在变形后，如果没有达到发生再结晶的条件时，可发生静态回复。

5.3.2.2　静态再结晶

在热变形后，若金属的储存能较高，又处于较高的温度下，可发生静态再结晶，形成无畸变的新晶粒。

5.3.2.3　亚动态再结晶

在热变形过程中，有一些已经形成但尚未长大的动态再结晶晶核。变形终止后，当变形温度足够高时，这些晶核会继续长大。这种过程称为亚动态再结晶。由于晶核已形成，

因此亚动态再结晶不需要孕育期，而且进行得十分迅速。

5.3.3 热变形对材料组织性能的影响

热加工既是一种材料的成形手段，也是控制材料组织性能的一种有效的方法。热加工对材料的组织性能可产生重要的影响。将合金成分设计、热加工工艺与材料的组织性能控制紧密结合起来，可获得高性能的材料。为获得高质量的制品，需要了解热加工对材料的组织性能所产生的影响。

5.3.3.1 改善铸锭的组织

通过热加工可使材料的组织缺陷得到明显改善，如气孔和疏松被焊合，使材料的致密度增加，铸态组织中粗大的柱状晶被破碎，晶粒得到细化。粗大的夹杂物也可破碎，并均匀分布。由于在温度和压力的作用下原子扩散速度加快，铸锭的偏析可以部分得到消除，使化学成分更加均匀。

5.3.3.2 形成纤维组织

在热变形过程中，铸态金属的偏析、夹杂物、第二相和晶界等逐渐沿着流线方向延伸，脆性夹杂物与第二相被破碎呈链状，塑性夹杂物则变成带状、线状或条状，在宏观上沿着变形方向呈现线状分布，即热加工中的流线，也称纤维组织。金属中的纤维组织使其力学性能呈现出各向异性，沿着流线方向比垂直于流线方向具有更高的强度。

5.3.3.3 形成带状组织

当复相合金中的各相在热变形时沿着变形方向交替地呈带状分布，这种组织称为带状组织。例如，低碳钢经热轧后，珠光体和铁素体沿轧向呈带状分布，形成带状组织（图5-23）。带状组织的存在也会引起性能的方向性，使材料沿横向的塑性和冲击韧性显著降低。为了减少带状组织，可合理控制元素含量，尽量避免在两相区变形，也可通过热处理将其消除。

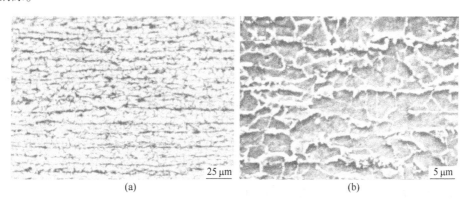

图 5-23   低碳钢中的带状组织

（a）金相照片；（b）扫描电镜照片

习题与思考题

5-1 冷变形材料加热到高于 $0.3T_m$ 和 $0.5T_m$，随保温时间的增长，组织性能分别会发生哪些变化？

5-2 简述回复和再结晶退火中材料发生的组织和性能变化。说明为何实际生产中常需要再结晶退火。

5-3 回复的类型有几种？简述其机制。

5-4 冷变形金属在不同温度下的回复曲线有何特点？研究回复动力学有何实际意义？

5-5 某单晶冷压 80%，在 20℃ 停留 7 天后，性能回复到一定程度。若在 100℃ 回复到相同程度则需要 50min，求该金属的回复激活能。

5-6 将一楔形铜片置于两轧辊之间轧制，画出再结晶后晶粒大小沿片长方向的变化示意图。如果加热到再结晶温度以上保温，何处先发生再结晶？

5-7 再结晶有几种形核机制？各有何特点？哪些地方是优先的形核地点？

5-8 在如图 5-24 所示的 A、B 两个相邻晶粒中，B 晶粒因变形程度较大而具有较高的位错密度时，经多边形化后形成的亚晶尺寸也较小。当加热到一定的温度下，会发生什么变化？

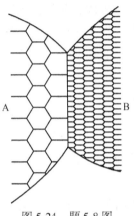

图 5-24   题 5-8 图

5-9 冷变形黄铜在 400℃ 温度下完成再结晶需要 1h，而 390℃ 温度下完成再结晶需要 2h，试计算在 420℃ 完成再结晶需要多少时间？

5-10 图 5-25 示出了在再结晶结束时的一组晶粒。试问当继续增加保温时间时，这组晶粒会发生什么变化？

图 5-25   题 5-10 图

5-11 何为异常晶粒长大？发生异常晶粒长大条件是什么？

5-12 如何区分冷加工与热加工？热加工金属的软化机制有几种？

5-13 动态回复和动态再结晶的真应力-真应变曲线有何不同？温度和变形速率对合金的变形行为有何影响？

5-14 动态再结晶和静态再结晶的主要区别是什么？

5-15 说明 Z 参数的意义。

6 材料塑性变形的宏观规律

6.1 基本概念和研究方法

在塑性加工过程中，材料内的变形状态和应力状态一般是不均匀的，这会导致变形后制品的组织和性能分布不均匀。因此，必须要对材料变形时的宏观规律进行研究，明确变形与应力分布的规律，从而解决材料塑性加工过程中的成形和组织性能的控制问题，以指导生产实践。

6.1.1 均匀变形与不均匀变形

若变形区某体积内所有点的变形状态都相同时，则此体积的变形称为均匀变形。

在均匀变形物体中任一点处的立方体，其变形状态可用九个变形分量来描述，即

$$T_\varepsilon = \begin{cases} \varepsilon_{xx} & \dfrac{1}{2}\gamma_{yx} & \dfrac{1}{2}\gamma_{zx} \\ \dfrac{1}{2}\gamma_{xy} & \varepsilon_{yy} & \dfrac{1}{2}\gamma_{zy} \\ \dfrac{1}{2}\gamma_{xz} & \dfrac{1}{2}\gamma_{yz} & \varepsilon_{zz} \end{cases} \tag{6-1}$$

式中，ε_{xx}、ε_{yy}、ε_{zz} 为法向应变分量；$\gamma_{xy} = \gamma_{yx}$，$\gamma_{yz} = \gamma_{zy}$，$\gamma_{zx} = \gamma_{xz}$ 为剪切应变分量。

均匀变形后任一点的坐标为其变形前坐标的线性函数。当不考虑物体整体的平移运动和转动时，其坐标的变化可以用下面的方程表示：

$$\begin{cases} x' = a_{11}x + a_{12}y + a_{13}z \\ y' = a_{21}x + a_{22}y + a_{23}z \\ z' = a_{31}x + a_{32}y + a_{33}z \end{cases} \tag{6-2}$$

式中，x、y、z 为变形前某点的坐标；x'、y'、z' 为变形后上述同一点的坐标；a_{11}、a_{12}、a_{13}、a_{21}、a_{22}、a_{23}、a_{31}、a_{32}、a_{33} 为常系数。

均匀变形的特点是：

（1）变形前的平面和直线在变形后仍为平面和直线，变形前彼此平行的直线和平面在变形后仍然是平行的；

（2）任何一个二阶曲面变形后仍为二阶曲面，其中变形前的球体在变形后变为椭球体；

（3）两个几何相似且位置相似的单元体，在变形后仍保持几何相似。

为使物体实现均匀变形，必须满足下述条件：

（1）变形物体为各向同性；

（2）变形物体内各点的物理状态相同，特别是物体内任一点处的温度均相同，变形抗力相等；

（3）接触面上任一点的绝对压下量和相对压下量相同；

（4）整个变形物体同时处于工具的直接作用下；

（5）接触面上完全没有接触摩擦或没有接触摩擦引起的阻力。

在材料的塑性加工实际生产中完全实现均匀变形是非常困难的，甚至是不可能的。

6.1.2　基本应力与附加应力

物体在塑性变形状态中，完全由外力作用引起的应力称为基本应力。此基本应力的分布图叫做基本应力分布图。当外力去除后，基本应力消失。

如前所述，物体在塑性变形过程中通常处于不均匀变形状态。由于物体在塑性变形时是一个整体，所以当物体产生不均匀变形时，处于不同变形状态的各部分将会产生互相影响，出现相互平衡的附加内力，由此内力所产生的应力称为附加应力。例如，用凸形轧辊轧制矩形断面轧件时（图6-1），轧件的边缘部分 a 的压下率小于轧件中部 b 的压下率。若轧件的 a、b 部分不是同一整体，则压下率大的中间部分 b 将比压下率小的边缘部分 a 有更大的纵向延伸（如图6-1中虚线所示）。但实际上轧件为一整体，边部 a 和中部 b 之间必然会发生相互的牵制作用。这时，轧件的中部将给边部以拉力，使之增加延伸，而边部给中部以压力使之减小延伸，最后使边部和中部的延伸趋于相等。这时会在变形物体内产生相互平衡的内力，其结果是在中部产生附加压应力，边部产生附加拉应力。

附加应力是在物体内的不均匀变形受到整体性的限制时发生的，因此不因外力的去除而消失。当外力去除、变形终止后，此附加应力仍将保留在变形物体内。此时，保留下来

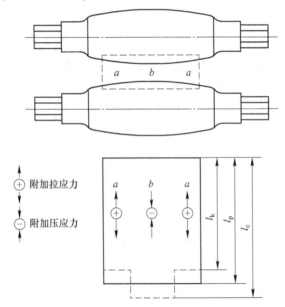

图 6-1　用凸形轧辊轧制矩形件的附件应力示意图

l_k—变形物体不为整体时边缘部分轧制后的长度；l_c—变形物体不为整体时中间部分轧制后的长度；l_p—变形物体为整体时矩形件的实际长度

的附加应力称为残余应力。

物体在塑性变形时，在其内部通常同时存在基本应力和附加应力。所以，对变形物体实测出来的应力（包括应力分布图）应为其基本应力与附加应力的代数和。这种实测出来的应力称为工作应力，其分布图称为工作应力图。当物体的变形均匀分布时，其基本应力与工作应力相等，基本应力图与工作应力图相同。而当变形不均匀分布时，工作应力应等于基本应力与附加应力的代数和。例如，在挤压变形过程中（图6-2），其基本应力图所示的应力为压应力，当附加应力的数值不大时，工作应力图中仍只有压应力（图6-2（b））；若附加应力的数值较大时，则在物体的中间层中的工作应力图为压应力，外层中的工作应力图可为拉应力图（图6-2（c））。并可看出，在图6-2（c）中，工作应力沿挤压件横断面的分布比在图6-2（b）中的情况下更不均匀。

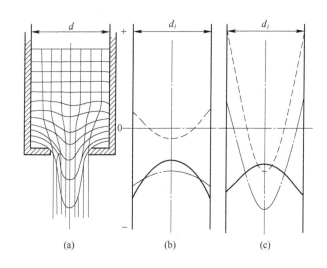

图6-2 挤压时材料的流动及纵向应力分布
——基本应力；–·–工作应力；–––附加应力；d_i—变形区某截面直径

根据不均匀变形在变形物体内产生的区域的不同，附加应力可分为以下3种：

第一种附加应力：在变形物体的几个大部分间由于不均匀变形所引起的相互平衡的附加应力。在图6-1和图6-2中所出现的附加应力即为第一种附加应力。

第二种附加应力：在变形物体局部的各部分之间（如两个或几个晶粒之间）由于不均匀变形所引起的相互平衡的附加应力。例如在具有两相的材料中，当变形物体受拉力作用时，屈服点低的相将在某一方向比屈服点高的相有更大的尺寸变化。但作为一个整体，此两相要趋于产生相同的尺寸变化。这样，屈服点高的相将给屈服点低的相以压力来减小其延伸量。相反，屈服点低的相将给屈服点高的相以拉力来增加其延伸量，由此在变形物体内部的两相之间由于不均匀变形所产生的应力即为第二种附加应力。

第三种附加应力：在变形物体的一个晶粒内的各部分间由于不均匀变形所引起的附加应力。例如，多晶体中的某晶粒产生滑移变形时，常会伴随着滑移面的弯曲和破坏，这样就使滑移面附近发生晶格畸变。这种畸变的结果在此区域内会引起相互平衡的附加应力，即产生第三种附加应力。

6.1.3   研究变形分布的主要方法

6.1.3.1   坐标网格法

坐标网格法是研究在材料塑性加工中变形分布和质点流动的应用最为广泛的一种方法。在变形前，在试样的表面上或内部的剖面上用某种方法刻上坐标网格，变形后测量和分析坐标网格的变化，从而确定变形物体各处的变形大小及分布。如果能够确定应力边界条件，利用数值积分法还可进一步求得应力的大小和分布。

在用网格法研究金属的变形分布时，可把网格中的每个单元看做是变形区的单元，在整个变形过程中承受均匀变形。坐标网可以是立体的，也可以是平面的。圆形在变形过程中变成椭圆形，椭圆轴的尺寸和方向反映了主变形的大小和方向。对于正方形网格，若无切应力的作用，其中心线在变形前后始终与主轴重合，变形后正方形变为矩形，正方形的内切圆变为椭圆，椭圆的轴与矩形的轴相重合。若主轴的方向相对原来正方形的轴发生了变化，则正方形将变为平行四边形，平行四边形的内接圆为椭圆形，椭圆的轴与新的主轴相重合，即与新的主应力方向重合（图6-3）。

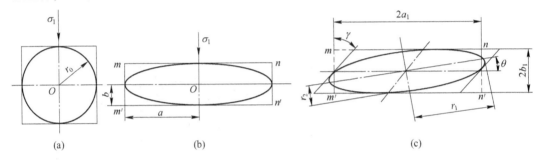

图 6-3   坐标网格变形前后的变化

（a）变形前；（b）无剪变形；（c）有剪变形

r_0—原内切圆半径；a, b—无剪切变形时椭圆的轴径；r_1, r_2—有剪切变形时椭圆的轴径

根据椭圆变形前后的尺寸变化，主应变可用下式计算

$$\begin{cases} \varepsilon_1 = \ln \dfrac{r_1}{r_0} \\[2mm] \varepsilon_2 = \ln \dfrac{r_2}{r_0} \end{cases} \tag{6-3}$$

式中 ε_1, ε_2——变形前内切圆半径；

　　　　r_1, r_2——椭圆的长、短轴半径。

附加的切变形为 γ，可直接测量。

式（6-3）中的 r_1 和 r_2 可用下式求得：

$$r_1 = \pm \sqrt{\frac{1}{2}\left[a_1^2 + \left(\frac{b_1}{\sin\theta}\right)^2\right] + \frac{1}{2}\sqrt{\left[a_1^2 + \left(\frac{b_1}{\sin\theta}\right)^2\right]^2 - 4a_1^2 b_1^2}} \tag{6-4}$$

$$r_2 = \pm \sqrt{\frac{1}{2}\left[a_1^2 + \left(\frac{b_1}{\sin\theta}\right)^2\right] - \frac{1}{2}\sqrt{\left[a_1^2 + \left(\frac{b_1}{\sin\theta}\right)^2\right]^2 - 4a_1^2 b_1^2}} \tag{6-5}$$

其中，a_1、b_1、θ 如图 6-3（c）所示。

图 6-4 示出了金属经挤压后，正方形坐标网格的内切圆变为椭圆的情形。椭圆形的主轴方向即为主应力的方向。主应变可按公式（6-4）和公式（6-5）计算。图中曲线 c 即为主应变的分布。可见，最大的变形发生在变形物体的外层。

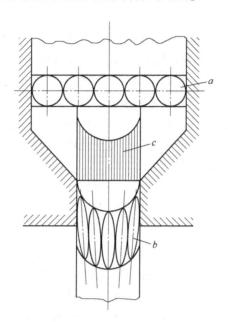

图 6-4 材料挤压后变形分布
a—变形前网格；b—变形后网格；c—变形体内主变形分布

采用网格法研究材料的塑性变形可以求得变形体的应变大小和分布，进而可根据应力边界条件和本构方程（应力和应变速率的关系方程）求得变形体的应力大小和分布。

6.1.3.2 硬度法

材料在冷加工变形过程中会发生加工硬化，使其硬度升高。变形程度越大，加工硬化效应越强，材料的硬度越高。因此，可根据变形金属各处硬度的不同来判断其各处变形程度的大小，从而研究变形的不均匀性。

在采用硬度法研究材料的不均匀变形时应注意消除变形前由于其他因素造成的影响。例如，对受机械加工后的界面应采用电解腐蚀和抛光等方法以消除其加工过程中的影响。

硬度法只能定性地反映出冷加工变形金属的变形分布情况，主要适用于那些加工硬化剧烈的金属。而对那些加工硬化不敏感的金属，即随变形程度的增加硬度变化不大的金属，此方法所反映的结果可能并不能代表真实情形。此外，硬度与变形程度之间的变化有时并非是简单的线性关系，从而增加了分析的复杂性。

6.1.3.3 比较晶粒法

材料的再结晶图表明，晶粒尺寸与变形程度密切相关。当变形程度大于临界变形程度时，随着变形程度的增大，再结晶后的晶粒尺寸减小。因此，可根据变形物体内再结晶晶粒大小的不同来判断不同部位的变形程度，确定变形的分布。此方法一般也只能定性地反映变形的分布情况。对于冷加工变形后的材料来说，退火后，其晶粒大小将有明显的变化。因此可以利用退火温度一定，晶粒大小与冷加工变形程度关系的再结晶图，来确定各不同尺寸的晶粒处所具有的变形程度，从而获得材料不均匀变形的规律。在确定材料热加工变形中的变形分布时，此方法仅适用于影响晶粒大小的因素只有变形程度而无其他因素影响的情形。

6.1.3.4 密栅云纹法

密栅云纹实验的基本原理是利用两块印有很密的栅线板，将其中之一固着于变形物体的某表面上，另一块光栅则作为标准栅。当物体产生变形时，固着在其上的光栅也随之变形。之后将标准光栅叠置于变形光栅之上。因此两光栅几何位置的差别，当投射光时便可显示出云纹图。根据云纹图，取得位移分量的数据，可计算出试件各处的应力与应变的分布。应用密栅云纹法可直接获得位移场、速度场以及应变场和应力场，其测量范围非常广泛，从微小的弹性变形到很大的塑性变形，从静载到动载，从室温到高温，从大面积的应变分布到局部的应力集中等均可研究。

密栅云纹实验可以在金属材料中进行，也可以在其他材料制作的模型上进行测量，然后再按相似理论推算出实际材料的应力分布情况。

6.1.3.5 视塑性法

视塑性法是借助于实验数据进行理论分析的方法。与网格法相同，先在试验件的剖分面上制备圆形或正方形网格。变形后的网格可用照相方法或用读数显微镜进行检测。用实验数据确定塑性变形区内质点的位移场或速度场，然后应用塑性理论的基本方程来确定应变速率场、应变场和应力。视塑性法可用于解平面应变或轴对称问题。视塑性法与网格法都是建立在网格实验基础上的实验模拟方法。视塑性法是以速度场为出发点求应力场，而网格法是以应变场为出发点求应力场。

6.1.3.6 模拟法

随着电子计算机技术及材料加工过程数值分析技术的快速发展，可以在计算机上模拟材料塑性变形的整个过程。由于在许多塑性过程中出现高温以及与温度有关的材料力学行为，模拟时通常需要考虑热过程，即要用到热力耦合。通过模拟可以分析应力场、应变场、温度场、速度场的分布规律，用于优化材料成形中的各工艺参数。例如，采用有限元软件对碳素钢 C15 压缩过程中的流动、温度场和应变场进行模拟，工件尺寸为 $h_0/d_0 = 30mm/20mm$，相关参数如表 6-1 所示。模拟的结果如图 6-5 所示。由于对称性，仅取右上角的四分之一部分。

表 6-1　模拟工艺参数及物理常数

变形速率 /s^{-1}	初始变形温度 /℃	工具温度 /℃	环境温度 /℃	摩擦系数	传热系数 /W·(mm^2·K)$^{-1}$
0.1	1200	100	25	0.2	0.002

由图 6-5 可以看出，压缩过程中坯料内的温度分布是不均匀的，应变分布也是不均匀的。

又如对合金板材热轧过程进行三维热力耦合模拟，可获得材料的塑性变形及应力分布规律，明确热轧过程中的轧制速度、变形温度、道次压下量和摩擦系数等因素对热轧过程

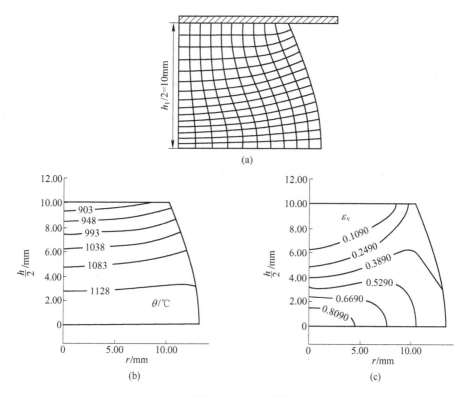

图 6-5   圆柱试样压缩的模拟结果
（a）压缩时的流动；（b）温度场等高线图；（c）应变场等高线图

中的轧件变形区内塑性变形和应力分布的影响，建立多参数的热力耦合热轧模型。

6.2   影响材料变形行为的因素

影响材料变形行为的主要因素有接触摩擦、变形物体的几何形状和工具形状、变形物体的温度和组织的均匀性等。

6.2.1   接触摩擦

下面以圆柱体镦粗为例介绍接触摩擦的影响。

6.2.1.1   呈现单鼓形

如图 6-6 所示，圆柱体在镦粗时除受变形工具的压缩力外，在与工具接触的端部还受接触摩擦力的作用。由于此接触摩擦力阻碍金属质点向横向流动，圆柱体在镦粗时产生鼓形。此时，可将变形金属的整个体积分成三个具有不同变形程度和应力状态的区域，即 I 区：难变形区、II 区：易变形区、III 区：自由变形区。

I 区位于圆柱体端部的接触面附近，受接触摩擦的影响较大，在此区域内产生塑性变形较为困难。II 区处于与垂直作用力大致为 45°交角的最为有利的变形区域，且距端面距离较远，因此在此区域内最易发生塑性变形。III 区靠近圆柱体表面，其变形量介于 I 区和 II 区之间。变形物体在压缩时，由于接触摩擦的作用，在出现单鼓形的同时，有时还会出

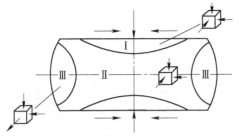

图 6-6 圆柱体镦粗时的变形及分区

现侧表面的金属局部地转移到接触表面上来的现象。

例 6-1 试分析圆柱体镦粗时的基本应力、附加应力和工作应力。

解 如图 6-6 所示,由于摩擦的影响,圆柱体镦粗时分为三个区。首先分析 I 区和 II 区之间的附加应力。I 区内具有强烈的三向压应力状态,由于 I 区是难变形区,变形较小,而 II 区变形大。作用于 I 区的是附加拉应力,而作用于 II 区的是附加压应力。但由于接触摩擦的影响,I 区径向所受的压应力一般大于附加拉应力,因此 I 区仍保持三向压应力状态。在 II 区和 III 区中也存在附加应力。在 II 区的基本应力状态为三向压应力,由于是易变形区,所产生的附加应力亦为压应力。III 区相对变形较小,切向出现附加拉应力使其应力状态发生变化。越靠近外层,此切向拉应力越大,而径向压应力则越靠近外层越小。在此区域内部的应力状态应为二压一拉的应力状态。

圆柱体在压缩过程中,随着压下率的增加,其鼓形出现的程度也在不断地变化。Я. M. 奥赫列明柯实验指出,圆柱体出现的鼓形,开始时随着变形程度的增加而增加,并达到最大值,之后便逐渐减小。原始的 H/d 比值越小,压缩时所得到的鼓形越小,且在变形程度较小时得到鼓形的最大值。例如,对于 $H/d = 2$ 的试样,在变形程度为 $\varepsilon = 0.55$ 时得到鼓形的最大值;对于 $H/d = 0.25$ 的试样,$\varepsilon = 0.25$ 时得到鼓形的最大值。图 6-7 示出了圆柱体镦粗时相对的鼓形体积与试样几何尺寸的关系。

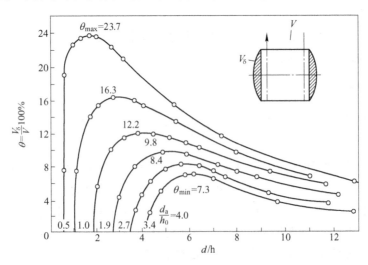

图 6-7 圆柱体镦粗时的相对鼓形体积与试样几何尺寸的关系

6.2.1.2　呈现双鼓形

实验表明，上述呈现单鼓形变形的几何条件是试样的原始高度与直径之比 $H/d \leq 2$。若坯料的原始高度较大（$H/d > 2$）和所施的变形程度甚小时，中间层的金属产生的塑性变形很小或不产生塑性变形。其结果是变形体呈现双鼓形（图 6-8）。此双鼓形的中间部位（图 6-8 Ⅳ）仍为圆柱体形状，表明该处受垂直的单向压应力状态，呈现均匀的塑性变形。有的实验还表明，在邻接难变形区域（图 6-8 中Ⅱ区上部），还会产生径向拉应力。

在圆柱体的压缩过程中，随着压下率的增加，H/d 的比值逐渐减小。当两个Ⅱ区靠近时，变形物体就会由双鼓形过渡到单鼓形。

当压下率一定时，变形物体在压缩时产生的双鼓形除与接触摩擦和变形区的几何因素有关外，还受变形速度的影响。变形速度增大会使达到一定变形程度所需的加载时间减少，使变形来不及往深部传播，结果使表面变形增大，更易出现双鼓形。

6.2.1.3　黏着现象

实验结果表明，圆柱体材料在镦粗过程中，若接触摩擦较严重和高径比 H/d 较大时，则在端面的中心部位发生金属质点对工具完全不产生相对滑动而黏着在一起的现象（图6-9 中阴影部分）。此现象称为黏着现象。材料与工具的黏着区域称为黏着区，这种黏着会在材料的一定深度内产生影响，构成了以黏着区为基底的圆锥形或近似圆锥形的体积，此体积称为"难变形区"。

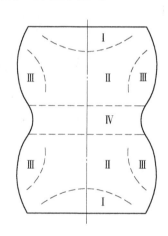

图 6-8　镦粗高试件时不同应力
状态分区示意图

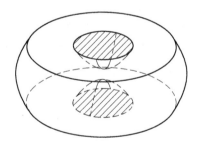

图 6-9　圆柱体镦粗时出现的黏着区
及难变形区示意图

变形区几何因素显著影响接触表面上黏着区的大小。当圆柱体的 H/d 比（或矩形件的 H/l 比，轧件的 h/l 比）增大时，黏着区增大。另外，接触摩擦越大，金属质点越不易流动，黏着区也越大。在接触摩擦较大的情况下，当 H/d 比值增大到一定程度，在接触表面上不存在变形金属质点与工具间的相对滑动，即无滑动区时，接触面面积的增加则仅靠侧面金属的翻平所造成。此时，便出现全黏着现象。当接触摩擦较小时，H/d 比值又减小到一定程度时，黏着区可能完全消失，此时接触表面可完全由滑动区所组成。一般，在接触表面上黏着区与滑动区是同时存在的。

6.2.1.4 接触表面上应力分布不均

变形物体在压缩时，由于接触摩擦的影响，接触面上的应力（或单位应力）分布不均。其变化规律是：试件边缘的应力等于变形金属的屈服点，由边缘向着中心应力逐渐增高。С. Ц. 古布金采用塑料试样进行镦粗实验结果表明，当 $h/d > 1$ 时，试样端面上各部分的单位压力差别不大；而当 $h/d = 1$ 时此差别显著增加；当 h/d 的比值再减小时，此差别更大。这可能是从 $h/d = 1$ 以后，在接触面上

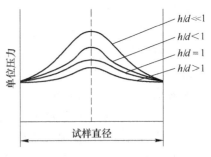

图 6-10　镦粗时单位压力分布示意图

出现了滑动现象的缘故。镦粗时得到的单位压力分布示意图如图 6-10 所示。

6.2.2　变形工具和坯料的轮廓形状

在变形物体内变形与应力的分布情况与其在塑性加工时所用变形工具的形状和坯料的原始形状有密切关系。要增强变形时的均匀性，必须要使此二者得到很好的配合。

在工具设计方面，应充分考虑变形工具形状的影响。如在热轧或冷轧时应考虑实际情况将轧辊设计成凸形轧辊或凹形辊。当工具的形状已得到了严格的控制时，为获得变形均匀的产品，则必须要考虑原始坯料形状的影响。如坯料的尺寸和形状的选择不当也会使物体产生不均匀变形。现以在两平轧辊轧制沿宽向厚度不均（例如两侧厚中间薄）的坯料为例加以说明（图 6-11）。此时，轧件的两侧由于压下量大，轧制后产生的延伸也大。但轧件的两侧和中间为一整体，虽然各部分的压下量不同，但仍趋于有相同的延伸。这样，两侧部分给中间部分以拉力使之增加延伸，而中间部分给两侧以压力使之减小延伸，因此边部产生了相互平衡的内力。这些内力使中间部分产生附加拉应力，使两侧部分产生

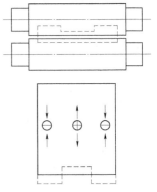

图 6-11　在两平辊间轧制沿宽向厚度不均的矩形坯

附加压应力。在实际中轧件轧出后的前端并不是完全平直的，而是两侧的延伸比中间部分要大。

6.2.3　变形物体温度分布不均

变形物体的温度分布不均是造成变形和应力分布不均的重要因素。一般地，在同一变形物体中高温部分的变形抗力低，低温部分的变形抗力高。因此，在同一外力的作用下，高温部分产生的变形程度大，低温部分产生的变形程度小。而变形物体又是一整体，限制了物体各部分不均匀变形的自由发展，从而产生了相互平衡的附加应力。在延伸大的部位产生附加压应力，延伸小的部位产生附加拉应力。此外，在变形物体内因温度不同所产生热膨胀的不同而引起的热应力，与由不均匀变形所引起的附加应力相叠加后，有时会加强应力的不均匀分布，甚至会引起变形物体的断裂。在热轧的生产实际中常常见到轧件从轧机轧出后出现上翘或下翘现象。产生此现象的原因之一就是轧件的温度分布不均。例如，锭坯在加热炉中加热时由于下部加热不足，使锭坯的上面温度高，下面温度低。这样，在

轧制时锭坯的上层的压下率大，所产生的延伸大；下层的压下率小，产生的延伸也小。结果轧出后轧件向下弯曲。

6.2.4 变形材料材质不均

当变形材料中化学成分、组织结构、夹杂物、相状态等分布不均时，会出现材料内部的变形抗力等力学性能分布不均的结果，在塑性加工时会引起变形物体的变形与应力的不均匀分布。

影响变形材料的变形与应力不均匀分布的因素很多，但在某种塑性加工过程中往往不是单一存在的。因此，应根据加工条件对所出现的不均匀变形现象进行具体分析，找出其主要因素。

6.3 变形不均匀分布所引起的后果及防止措施

如前所述，材料在塑性加工过程中产生变形不均是普遍现象。此现象必然会引起材料的组织和性能的变化。现分以下几方面予以讨论。

6.3.1 影响制品质量

材料在塑性加工过程中，由于变形程度的分布不均，必然会引起变形后的组织不均，如晶粒大小和形状不均、夹杂物分布不均和相分布不均等。这种不均匀的组织也必然会引起材料的强度、塑性、韧性等性能的不均，使产品的质量下降。

不均匀变形对产品质量的影响还表现在产品的尺寸和形状上。例如，轧制薄板时，由于压下率不均匀可能使轧出的产品产生镰刀弯、翘曲及裂纹等缺陷。

此外，由于不均匀变形会引起变形后的物体内存在残余应力，也是降低产品质量的重要因素。

6.3.2 降低塑性加工工艺性能

材料在塑性变形时，由于不均匀变形的存在，在变形物体内产生相互平衡的附加应力，使材料的塑性降低、变形抗力升高，造成加工性能变差。例如，在挤压低塑性材料时，由于接触表面上摩擦力的影响，物体产生强烈的不均匀变形现象，在表面层上产生较大的附加拉应力。当此附加拉应力与基本应力之和为拉应力，且达到材料的断裂强度时，则在表面上产生周期性的裂纹。

6.3.3 增加工具局部磨损

当变形物体产生不均匀变形，出现力的不均匀分布时，工具各部分的受力情况也不同，使工具各部分产生不均匀的磨损。例如，在孔型中轧制型材时，由于压下量不均会使轧辊孔型产生不均匀的磨损，这样不仅影响了产品的形状与尺寸，而且也给轧机调整增加了困难。

综上所述可知，在塑性加工过程中应设法避免或减少变形与应力的不均匀分布。为此，通常应采取如下措施：

（1）尽量减小接触摩擦的有害影响。例如提高工具表面的质量，在接触表面上加润滑剂，在接触端上加低强度材料制作的垫片等。

（2）正确地选择变形温度–速度制度。使加热温度尽量均匀，使变形在单相区温度范围内完成。在锻压 H/d 较大的锻件时应采用低速变形，使变形深入内部；锻压 H/d 较小的锻件时应采用较大的变形速度，以减小鼓形。

（3）合理设计工具形状和正确地选择坯料。为使物体的变形均匀，应使工具形状与坯料很好地配合。例如，热轧薄板时，在轧制过程中轧辊中部的温升较大使工具产生较大的热膨胀，为保证沿轧件宽度上压下均匀，应将轧辊设计成凹形；在冷轧薄板时，由于轧辊的弹性弯曲和压扁较大，应将轧辊设计成凸形。

（4）尽量使坯料的成分和组织均匀。首先要提高金属的冶炼和浇铸质量，为使金属的化学成分分布均匀也可以对锭坯进行高温均匀化处理。

6.4 残 余 应 力

6.4.1 残余应力的概念

塑性变形引起的残余应力为变形结束后保留在变形物体内的附加应力。因残余应力是由附加应力变化而来，所以残余应力也是相互平衡的，并与附加应力相对应，残余应力也分为第一种、第二种和第三种残余应力。

6.4.2 变形条件对残余应力的影响

残余应力与附加应力相同，受到变形条件的影响，其中的主要影响因素是变形温度、变形速度、变形程度、接触摩擦、工具和变形物体形状等。在此仅对变形温度、速度和变形程度的影响予以介绍。

在一般情况下，当变形温度升高时，附加应力以及所形成的残余应力减小。温度降低时，出现附加应力及出现残余应力的可能性增大。同时，在确定变形温度的影响时应注意到在变形过程中是否有相变存在。若在变形过程中出现相变而使材料处于双相区时，将会引起第二种附加应力的产生，从而使残余应力增大。因此，在热加工中一般将温度范围选在单相区，即使是对单相材料也不允许将变形温度降低到某一定值以下。

在变形过程中温度的不均匀分布是产生附加应力的一个重要原因，因此也是产生残余应力的一个原因。如果变形过程在高于室温条件下结束，具有某一数值的残余应力时，则此残余应力会因物体冷却到室温而增加。

变形速度对残余应力与对附加应力的影响相同。通常，在室温下以非常高的变形速度使物体变形时，其附加应力和残余应力有减小的趋势。而在高于室温的温度下，增大变形速度时，这些应力反而有可能增加。

例 6-2 在棒材的拉拔过程中，如果变形量很小，残余应力的分布应为何种情况？

答：在棒材的拉拔过程中，如果变形量很小，则塑性变形不能深入内部，板材中部流动慢，受到附加拉应力；而表面受到模具的摩擦影响，流动受到抑制，也会受到附加拉应力。在中部和表面之间的金属相对流动较快，受到附加压应力。这些附加应力在变形过程结束后留在制品中，称为残余应力。因此，拉拔后的残余应力如图6-12所示。

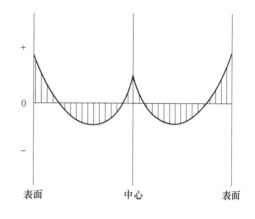

图 6-12 塑性变形未进行到心部时的残余应力分布

6.4.3 残余应力的影响

材料制品中残余应力的存在会带来一些不利的影响，如引起形状和尺寸的不稳定、促进断裂和影响塑性加工性能等。

在变形物体内存在残余应力时，物体会产生相应的弹性变形或晶格畸变。若此残余应力因某种原因消失或其平衡遭到破坏，相应的变形也将发生变化，引起物体尺寸和形状的改变。对于对称型的变形物体来讲，仅发生尺寸变化，形状可保持不变。

当残余应力作为初始条件附加到构件上，会对其脆性断裂起到促进作用。氢脆是在拉应力和扩散氢的共同作用下的延迟断裂。在高强度材料中，强度越高对氢脆越敏感。残余应力的存在会促进材料的延迟断裂。

当具有残余应力的制品继续进行塑性加工时，由于残余应力的存在可加强物体内的应力和变形的不均匀分布，使金属的变形抗力升高，塑性降低。

除了以上的不利影响之外，也可以利用残余应力提高制品的服役性能。在承受交变应力作用的部件中存在残余压应力时，部件的疲劳强度会提高；而存在残余拉应力时，部件的疲劳强度会降低。应力腐蚀是材料处于腐蚀环境条件下，拉应力作用产生脆性断裂的现象。当试样表面存在残余压应力分布时，会对应力腐蚀起到抑制作用。

6.4.4 减小或消除残余应力的措施

产生残余应力的根本原因是物体产生了不均匀变形，使物体内出现了相互平衡的内力。残余应力不仅在塑性加工过程中产生，在不均匀加热、冷却、淬火和相变等过程中也会出现。减小或消除残余应力的方法主要有以下几种。

6.4.4.1 热处理方法

物体内存在的残余应力可用退火、回火等热处理的方式来减小或消除。第一种残余应力可在回火中大大减小。第二种残余应力在温度低于再结晶温度时的加热过程中几乎完全消除。第三种残余应力只有在再结晶过程中点阵完全恢复时才能消除。因此，为完全消除残余应力，需有较高的温度，有时也需要较长的退火时间。

图6-13示出了拉拔加工后18%C钢棒残余应力和力学性能因退火产生的变化。在400℃之前，残余应力下降，但是并没有影响力学性能。500℃退火，应力基本消除，但是材料的硬度和屈服强度也显著下降。

6.4.4.2 机械处理方法

机械处理方法是利用使材料内产生塑性变形的方法来减小残余应力，且不改变材料的力学性能，同时还可以使制品的平直度提高。

在拉拔或轧制后，一般在制品的外表面存在较为显著的拉伸残余应力。为了去除表面

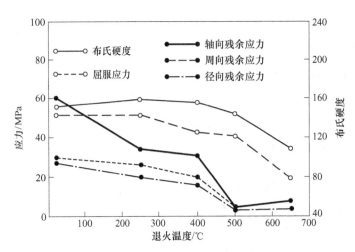

图 6-13 退火对拉拔圆棒残余应力和力学性能的影响

残余拉应力的影响，可以通过一些方法赋予其表面以压应力。表面层中具有残余拉应力的板材经表面辗压后，其残余应力显著减小。在一定限度内，表面变形越大，残余应力减小的越多。对于拉拔制品，可以采用二次小变形量拉拔的方法，使初次拉拔时所造成的外层拉伸残余应力大幅度下降。

采用表面变形可使原来的残余应力显著降低，甚至可使表面拉应力变成压应力。但此变形程度不应超过某一限度，一般是在 1.5%~3% 以下。若超过此限度，会造成有害的后果，反而可能会使残余应力增加。

对于管材和型材，可以通过辊式矫直和拉伸矫直的方法在获得良好的制品形状的同时去除残余应力。此外，还可以采用喷丸的方法去除制品的残余应力。

例 6-3 冷轧生产中的平整工序是用表面小变形减小残余应力的典型实例，请在图 6-14 中 a、b、c 处画出轧件平整前后的残余应力分布图，并指出该种残余应力属于哪一类残余应力。

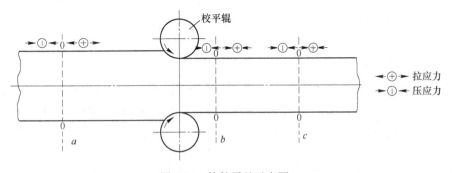

图 6-14 轧件平整示意图

答：板材在表面有残余拉应力，中部一定有残余压应力与之平衡，因此轧制板材的残余应力分布如图 6-15 所示。由于在平整时变形量很小，因此中心未能发生变形，受到附加拉应力，而表面受到附加压应力。因此，表面的残余应力为残余压应力，而中部的残余应力为残余拉应力。平整后表面的残余压应力与板材中的原始残余拉应力相平衡，所以使残余应力减小。

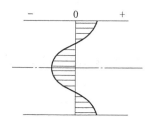 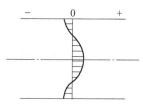 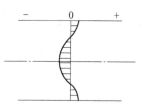

图 6-15 a、b、c 处残余应力分布图

由于图 6-15 中的残余应力是宏观区域内分布的，因此是第一类残余应力。

6.4.5 研究残余应力的主要方法

残余应力的测定方法可分为机械测定法、化学法和物理测定法三类。机械测定法的原理是将具有残余应力的部分用一定的方法进行局部的分离或分割，从而使残余应力获得局部释放。测定此时的变形，然后应用弹性力学来求出残余应力。化学法是通过将试样侵蚀，观察裂纹的出现或重量的减轻间接研究残余应力的方法。物理法是采用 X 射线或中子衍射的方法对残余应力进行测量。

6.4.5.1 机械法

用此方法可测定棒材、管材等一类物体内的残余应力，其原理是利用机械加工，使因释放应力而产生相应的位移与应变。测量这些位移和应变，再经换算得到构件加工处的原有应力分布。如图 6-16 所示，截取一段长度为其直径三倍的棒材（或管材），在其中心钻一通孔，然后用膛杆或钻头从内部逐次去除一薄层金属，每次去除约 5% 的断面积，去除后测量试样长度的伸长率和直径的伸长率，并计算出下列数值：

$$\Delta_1 = \lambda + \nu\theta$$
$$\Delta_2 = \theta + \nu\lambda$$

式中　ν——泊松比。

然后，绘制这些数值与钻孔剖面积 F 的关系曲线（见图 6-17），并用作图法求出此曲

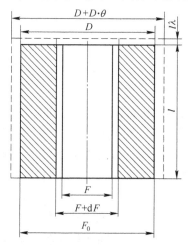

图 6-16　棒材中心钻孔测定残余应力

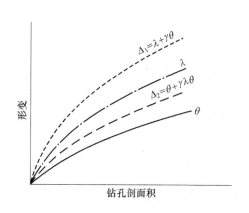

图 6-17　变形与钻孔横截面积的关系

线上任一点的导数 $\dfrac{\mathrm{d}\Delta_1}{\mathrm{d}F}$ 和 $\dfrac{\mathrm{d}\Delta_2}{\mathrm{d}F}$。

G Sachs 根据一般弹性力学理论所求得下述计算公式，逐步求出每去除一微小面积 $\mathrm{d}F$ 后的残余应力大小。

纵向应力：

$$\sigma_P = E'\left[(F_0 - F)\frac{\mathrm{d}\Delta_1}{\mathrm{d}F} - \Delta_1\right] \qquad (6\text{-}6)$$

切向应力：

$$\sigma_t = E'\left[(F_0 - F)\frac{\mathrm{d}\Delta_2}{\mathrm{d}F} - \frac{F_0 + F}{2F}\Delta_2\right] \qquad (6\text{-}7)$$

径向应力：

$$\sigma_r = E'\frac{F_0 - F}{2F}\Delta_2 \qquad (6\text{-}8)$$

式中　E'——材料的弹性模量，$E' = \dfrac{E}{1 - \nu^2}$。

测量残余应力除上述较为精确的机械法外，还有一些近似的机械方法，举例如下：

为确定管材表面层上的应力，可以直接从管壁上切取一个薄的片层，测量其长度的变化 λ_0，然后可用下式计算表面层的纵向应力：

$$\sigma_{P_0} = \lambda_0 E \qquad (6\text{-}9)$$

为确定管材上的切向应力，可从管子上切取一个环，并测量此环直径的相对变化 θ_0。其切向应力可用下式求出：

$$\sigma_{t_0} = \theta_0 E \qquad (6\text{-}10)$$

为确定轴向应力，可从薄壁管切下一个轴向的窄条，测量此窄条呈弧形后的挠度 f_c，则此轴向应力为：

$$\sigma_{1_0} = E \cdot \frac{4Bf_c}{l^2} \qquad (6\text{-}11)$$

式中　B——窄条或环的厚度；

l——窄条的长度。

6.4.5.2 化学法

化学法是定性研究残余应力的一种方法。此方法是将试样浸入到适当的溶液中，测量出自开始侵蚀到发现裂纹的时间，按此时间来判断残余应力的大小。对于含锡青铜，可用水银及含水银的盐类作为侵蚀试样所用的溶液；对于钢可用弱碱及硝酸盐类。在判断应力的形式时，若出现横向裂纹，则可认为是纵向应力作用的结果；若出现纵向裂纹，可认为是横向应力作用的结果。采用化学法可以定性地得出破裂时间与残余应力的关系。

另一种化学方法是将试样吊浸在适当的溶液里，隔一定时间来称其重量。这样就可以得到一个重量减小量与时间的关系曲线。将这些测量曲线与标准曲线相比较，即可判定残余应力的大小。重量损失越大，则表示物体内的残余应力越大（图 6-18）。

采用化学方法测定金属丝、薄条等类型的工件内的残余应力是十分合适的。同时，也可用于定性地来比较在不同的压力加工制度和热处理制度中所出现的残余应力的大小。

6.4.5.3 X 射线法

利用 X 射线入射到物质时的衍射现象可以测定材料制品的残余应力。测定时根据衍射线的移动可以测定出宏观残余应力（第一类残余应力和某些情况下的第二类残余应力）。第二类和第三类残余应力可根据衍射线条的宽度变化和强度的变化来确定。还可以采用中子衍射法测定制品的残余应力。

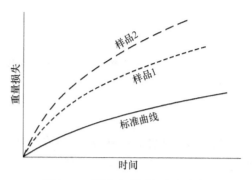

图 6-18　用称重法测定残余应力

高分辨的中子粉末衍射测定残余应力的方法与 X 射线基本相同，但是由于中子束有极强的穿透金属材料的能力，可以增加测量的深度。如果有较多的测量时间，应力测量点足够多，可将测试点遍及整个样品，进而获得样品内部的残余应力/应变分布图，即中子应力/应变扫描。

在上述测定残余应力的各种方法中，用机械法可以比较精确地确定残余应力的大小和分布，但在测定时要损害物体的整体性。用化学法基本是定性的，难于定量分析，同时需要专门的试样。X 射线法和中子衍射法是一种"非破坏性"的测定方法，能够定量地测出物体内的残余应力，并能分别测定宏观应力和微观应力。其中，由于 X 射线的透射能力较小，只能探明物体接近表面部分的情况；而中子衍射可以研究近表面的残余应力分布和体效应。

习题与思考题

6-1　均匀变形的条件是什么？为什么均匀变形是相对的，而不均匀变形是绝对的？

6-2　什么是基本应力？外力撤去后，基本应力还存在吗？什么是附加应力？附加应力是如何分类的？

6-3　什么是工作应力？工作应力与基本应力和附加应力是什么样的关系？工作应力比基本应力分布更均匀吗？

6-4　金属变形不均匀分布的研究方法主要有哪些？

6-5　任意举一由于不均匀变形产生附加应力的实例，并画出附加应力的分布曲线图。

6-6　圆柱体镦粗时为什么会出现鼓形？呈现单鼓和双鼓变形的几何条件分别是什么？

6-7　凸型辊和凹型辊轧制矩形断面坯料时，采用哪种辊型轧制时易出现中浪板形缺陷？为什么？

6-8　热轧板由辊缝中轧出后，向某侧弯曲，即出现镰刀弯缺陷，说明产生这种缺陷的原因。

6-9　采用平辊轧制中间厚边部薄的轧件时，易产生哪种裂纹缺陷？为什么？

6-10　列举任一由于温度分布不均匀导致材料产生不均匀变形的生产实例。

6-11　在轧制大钢锭时，常发现钢锭心部产生裂纹，试分析其成因。

6-12　不均匀变形可能引起哪些后果？举例说明怎样减少不均匀变形？

6-13　为保证宽度方向上压下均匀，热轧及冷轧薄板时分别应采用哪种辊型（凸辊、凹辊）？为什么？

6-14　何谓残余应力？残余应力的危害有哪些？

6-15　举例说明减小残余应力的方法。

材料的塑性变形抗力

变形抗力是表征材料塑性加工能力的一个基本参数，不但是衡量其变形性能优劣的重要标志，也是设备选择和塑性变形工艺制定的依据，同时变形抗力的变化在一定程度上也反映了材料微观组织的变化。因此，研究材料塑性变形抗力的变化规律，对于生产中工艺参数的选择和优化有直接的指导作用。

7.1　塑性变形抗力的基本概念

塑性变形抗力（简称变形抗力）是指在设定的条件下，所研究的变形物体或其单元体能够实现塑性变形的应力强度。

在一般情况下，单位变形抗力和变形抗力有如下的函数关系：

$$\sigma_p = \varphi(\sigma_r) \tag{7-1}$$

式中　σ_p——单位变形抗力；

　　　σ_r——变形抗力，即足以实现塑性变形的应力强度。

许多情况下，式（7-1）也可以写成如下形式：

$$\sigma_p = \varphi \cdot \sigma_r \tag{7-2}$$

式中，函数 φ 可用于反映加载形式、应力状态与变形状态不均匀性和接触摩擦的影响。由于上述诸多因素在很大程度上取决于变形物体的形状，因此系数 φ 可统称为形状硬化系数。

变形抗力 σ_r 的数学表达式为：

$$\sigma_r = \frac{1}{\sqrt{2}}\sqrt{(\sigma_1 - \sigma_2)^2 + (\sigma_2 - \sigma_3)^2 + (\sigma_3 - \sigma_1)^2} \tag{7-3}$$

在单向拉伸的情况下，

$$\sigma_r = \sigma_{pl} \tag{7-4}$$

式中　σ_{pl}——单向拉伸应力。

在一定变形温度、变形速率和变形程度下，对于同一金属材料，一般以单向拉伸的屈服应力（σ_s）的大小来度量其变形抗力。当屈服点不明显时，常以相对残余变形为 0.2% 时的 $\sigma_{0.2}$ 作为变形抗力。

7.2　塑性变形抗力的测量方法

本节所介绍的变形抗力的测定方法是指在简单应力状态下，且应力状态在变形物体内均匀分布时的情形。测定方法主要包括拉伸试验法、压缩试验法和扭转试验法。

7.2.1   拉伸试验法

拉伸试验中所用的试样通常为圆柱体，在拉伸变形体积内的应力状态为单向拉伸，且均匀分布。根据式（7-4）可知，此时所测出的拉应力为 σ_{pl} 即为变形抗力，可表述为：

$$\sigma_{pl} = \frac{P}{A} \tag{7-5}$$

式中　　A ——在测定时试样的横断面积；

　　　　P ——作用在 A 上的力。

在此拉伸过程中，拉伸体积内的变形分布也是均匀的。当将试样的长度 l_0 拉伸至 l 时，其真实应变 ε_t 为：

$$\varepsilon_t = \ln \frac{l}{l_0} = \ln(1 + \varepsilon_e) \tag{7-6}$$

式中　　ε_e ——拉伸过程中的工程应变，$\varepsilon_e = \dfrac{\Delta l}{l_0}$ ；

　　　　Δl ——拉伸前后的相对变形量。

需要说明的是，在选择拉伸试样材质时，很难保证其内部组织均匀，其内部各晶粒，甚至一个晶粒内部各质点的变形和应力也不可能完全均一。所以，在此实验中所测定的应力和应变应为其平均值。但从总体来看，拉伸变形时的不均匀变形程度要比压缩变形小得多。拉伸法的不足之处在于其所得到的均匀变形程度相对较小，一般小于 20%～30%。

7.2.2   压缩试验法

压缩变形时变形材料所承受的单位压应力，即变形抗力为：

$$\sigma_{pc} = \frac{P}{A} \tag{7-7}$$

式中　　P ——压缩时变形材料所承受的压力；

　　　　A ——试样的横断面积。

在此压缩过程中，当试样由高度 h_0 压缩至 h 时，所产生的真实应变为：

$$\varepsilon_t = \ln \frac{h}{h_0} = \ln(1 + \varepsilon_e) \tag{7-8}$$

式中　　ε_e ——压缩过程中的工程应变，$\varepsilon_e = \dfrac{\Delta h}{h_0}$ ；

　　　　Δh ——压缩前后的相对变形量。

在压缩试验过程中完全消除接触摩擦的影响是很困难的，因此所测出的应力值偏高。消除或减小接触摩擦对变形的影响可采取的措施包括：在试样端部涂润滑剂、加柔软垫片等。可适当增大 H/d 值，但不宜超过 2～2.5，否则压缩过程中试样易弯曲而使压缩不稳定。与拉伸试验法相比，压缩法的优点在于它能使试样产生更大的变形，而缺点是变形不均匀，实测值稍偏高。

7.2.3   扭转试验法

扭转试验时，在圆柱体试样的两端施以大小相等、方向相反的转矩 M，在该转矩作用下试样产生扭转角 φ 。在试验中测定 φ 值。

在试样中的应力状态为纯剪切，但此应力状态的分布不均匀，剪应力可表达为：

$$\tau = \frac{32M}{\pi d_0^4} \cdot r \tag{7-9}$$

式中　d_0——圆柱体试样工作部分的直径；

　　　r——测试点至试样轴线的距离。

在试样轴心 $r = 0$ 处，$\tau = 0$；τ 的最大值出现在试样表面处，即

$$\tau_{\max} = \frac{16M}{\pi d_0^3} \tag{7-10}$$

所产生的剪切变形为：

$$\gamma = \frac{d_0}{2l_0} \cdot \varphi \tag{7-11}$$

式中　l_0——圆柱体试样工作部分长度。

在扭转试验时，τ 随 r 的变化不呈线性关系，而是取决于函数 $\tau(\gamma)$。为了降低应力状态的分布不均匀性，可取空心管状试样。此时，试样的壁厚越薄和 δ/r 越小（其中 δ 为试样的壁厚）时，应力状态越均匀。此时剪应力为：

$$\tau = \frac{2M}{A_0 d_{\Psi}} \tag{7-12}$$

式中　A_0——试样的横截面积；

　　　d_{Ψ}——环平均直径。

在试验时应取 $l_0 / d_0 > 5$，否则会因夹头的影响使应力与变形的分布不均匀。当塑性变形不大时，剪切变形大小可由 $\gamma = \frac{r}{l} \cdot \varphi$ 获得。然而，通过扭转法所得到的数据进行换算时较为困难，且由于在大变形时纯剪切遭到破坏等原因，扭转法尚未得到广泛应用。

7.3　塑性变形抗力的数学模型

要计算材料塑性变形过程中所需的外力，必须确定塑性变形抗力的值。材料在热状态下的物理特性与其化学成分、温度、应力、应变等诸多因素有关。以钢铁材料为例，目前对于大多数钢种，只能给出离散数据的描述。但对于碳钢，平均变形抗力可按以下模型计算：

$$K_{\mathrm{m}} = \sigma_{\mathrm{f}} f_{\mathrm{m}} \left(\frac{\bar{\varepsilon}}{10} \right)^m \tag{7-13}$$

式中　$\bar{\varepsilon}$——平均应变；

　　　σ_{f}——简单应力状态下的材料热变形抗力。

$$\sigma_{\mathrm{f}} = \begin{cases} 0.28\exp\left(\dfrac{5.0}{T} - \dfrac{0.01}{C + 0.05} \right) & (T \geqslant T_{\mathrm{d}}) \\[3mm] 0.28 g(C,\ t)\exp\left(\dfrac{5.0}{T} - \dfrac{0.01}{C + 0.05} \right) & (T < T_{\mathrm{d}}) \end{cases} \tag{7-14}$$

式中参数 T，T_{d} 按下式计算：

$$
\begin{cases}
T = \dfrac{t_0 + 273}{1000} \\[3mm]
T_{\mathrm{d}} = 0.95 \dfrac{C + 0.41}{C + 0.32}
\end{cases}
\tag{7-15}
$$

式中　t_0——轧件温度；

　　　C——材料的碳含量百分数。

式（7-15）中的函数 $g(C, t)$ 为：

$$
g(C, t) = 30.0(C + 0.9) \times \left(T - 0.95 \frac{C + 0.49}{C + 0.42} \right)^2 + \frac{C + 0.06}{C + 0.09}
\tag{7-16}
$$

式（7-15）中 f_{m} 为考虑材料应变量等因素的影响系数：

$$
\begin{cases}
f_{\mathrm{m}} = \dfrac{1.3}{1 + n} \left(\dfrac{\bar{\varepsilon}}{0.2} \right)^n - 0.15 \times \left(\dfrac{\bar{\varepsilon}}{0.2} \right) \\[3mm]
\qquad n = 0.41 - 0.07C
\end{cases}
\tag{7-17}
$$

该模型的使用范围为：材料的碳含量小于 1.2%；变形温度范围为 700~1200℃；平均应变量小于 0.7；平均应变速率范围为 0.1~100s⁻¹。该模型的最大优点是其数学上的完整性，有利于实现计算机编程计算。

如前所述，材料热变形时所发生的硬化和软化过程直接与其变形温度、变形速度和变形程度有关。目前一般采用下列形式的本构方程拟合流动应力实测数据，建立计算流动应力的统计模型：

$$
\sigma_{\mathrm{s}} = A \varepsilon^n \dot{\varepsilon}^m \exp(-B/T)
\tag{7-18}
$$

式中　A——强度参数；

　　　n——应变硬化指数；

　　　m——应变速率敏感指数；

　　　B——温度系数；

　　　T——温度。

为了进一步提高流动应力的计算精度，不同的研究者还对上述本构方程作了一些改进，归纳起来主要有以下几个方面：

（1）考虑变形温度和变形速度的相互作用，在变形速度指数中引入温度因子；

（2）考虑到热变形流动应力 σ_{s} 与变形程度 ε 之间的复杂关系，改用一个非线性函数 $(A_1 \varepsilon^{A_2} - A_3 \varepsilon)$ 拟合变形程度的影响；

（3）在相应的系数中引入考虑主要成分碳含量的影响。

下面举例介绍几种基于式（7-18）的流动应力计算式。

（1）志田茂公式：

$$
\sigma_{\mathrm{s}} = \sigma_0 \left(\frac{\dot{\varepsilon}}{10} \right)^m \left[1.3 \left(\frac{\varepsilon}{0.2} \right)^n - 0.3 \left(\frac{\varepsilon}{0.2} \right) \right]
\tag{7-19}
$$

$$
\sigma_0 = 0.28 \exp\left(\frac{5}{t} - \frac{0.01}{w_{\mathrm{C}} + 0.05} \right) \quad (t \geqslant t_{\mathrm{d}})
$$

$$
\sigma_0 = 0.28 \exp\left(\frac{5}{t_{\mathrm{d}}} - \frac{0.01}{w_{\mathrm{C}} + 0.05} \right) g \quad (t < t_{\mathrm{d}})
$$

$$
g = 30(w_{\mathrm{C}} + 0.9) \left[t - \frac{0.95(w_{\mathrm{C}} + 0.49)}{w_{\mathrm{C}} + 0.42} \right]^2 + \frac{w_{\mathrm{C}} + 0.06}{w_{\mathrm{C}} + 0.09}
$$

$$m = (-0.019 w_C + 0.126)t + (0.075 w_C - 0.050) \quad (t \geq t_d)$$

$$m = (0.081 w_C - 0.154)t + (-0.019 w_C + 0.207) + \frac{0.027}{w_C + 0.32} \quad (t \leq t_d)$$

$$n = 0.41 - 0.07 w_C$$

$$t = \frac{T}{1000}$$

$$t = \frac{0.95(w_C + 0.41)}{w_C + 0.32}$$

式中　　T——变形温度；

　　　　ε——真应变；

　　　　$\dot{\varepsilon}$——应变速度；

　　　　w_C——碳的质量分数。

式（7-19）的适用范围：变形温度为 650~1200℃，应变速度为 0.2~30s^{-1}，真应变小于 0.60，碳的质量分数为 0.01~0.80%。

（2）美坂佳助公式：

$$\sigma_s = \exp[0.126 - 1.75 w_C + 0.59 w_C^2 + (2851 + 2968 w_C - 1120 w_C^2)/T] \varepsilon^{0.21} \dot{\varepsilon}^{0.13}$$

$$(7\text{-}20)$$

式（7-20）的适用范围：变形温度为 750~1200℃，变形速度为 80s^{-1} 左右，真应变小于 0.30，碳的质量分数为 0.06%~1.16%。

例 7-1　根据美坂佳助公式，分别计算 10 号钢和 45 号钢在变形速度为 60s^{-1}，真应变为 0.25，变形温度分别为 750、850、950、1050 和 1150℃ 条件下的变形抗力，并比较碳含量和变形温度对变形抗力的影响规律。

解：根据公式（7-20），可以计算出 10 号钢和 45 号钢在不同变形温度条件下的变形抗力，如下表所示：

由表 7-1 可以看出：（1）当碳含量一定时，变形温度的升高，两种实验钢的变形抗力均下降，且随着温度的升高，下降趋势有所减弱；（2）当变形温度一定时，随着碳含量的

表 7-1　10 号钢和 45 号钢在不同变形温度条件下的变形抗力

碳含量/%	变形温度/℃	变形速率/s^{-1}	应变量	变形抗力/MPa
0.10	750	60	0.25	256.34
	850			195.09
	950			155.26
	1050			127.90
	1150			108.27
0.45	750			348.02
	850			246.56
	950			184.80
	1050			144.68
	1150			117.24

增加，实验钢的变形抗力增加，并且在较低的温度条件下，碳含量对变形抗力的影响更为明显。

7.4 材料的化学成分及组织对塑性变形抗力的影响

7.4.1 化学成分的影响

对于各种纯金属而言，原子间结合力越大，滑移阻力越大，变形抗力也就越大。合金元素的存在及其在基体中存在的形式对变形抗力有显著的影响，主要归因于如下三个方面：

（1）溶入固溶体，使基体金属点阵畸变增加；

（2）形成化合物；

（3）形成第二相组织，使变形抗力增加。

7.4.1.1 间隙固溶元素的影响

碳、氮等溶质原子嵌入 α-Fe 晶格的八面间隙体间隙中，使晶格产生不对称正方性畸变造成强化效应，铁基体的屈服强度随间隙原子含量增大而变大。

（1）碳的影响。在较低温度下随着含碳量的增加，钢的变形抗力升高，温度升高时影响变弱。图 7-1 示出了不同变形速度和变形温度条件下，压下量为 30% 时碳含量对碳钢变形抗力的影响规律。可以看出，碳对钢在低温时变形抗力的影响远大于高温时，且在动态变形条件下碳的影响更大。

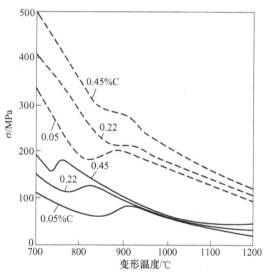

图 7-1 在静压缩（实线）和动压缩（虚线）条件下，不同变形温度时
碳含量对钢塑性变形抗力的影响

（2）氮的影响。高强度低合金钢中氮含量的变化范围不大，不会引起塑性变形抗力的显著改变；但氮可通过氮化物（通过如氮化铝或氮化钛等）的形成而引起奥氏体晶粒细化，从而影响材料的塑性变形抗力。

7.4.1.2　置换固溶元素的影响

在置换型合金中添加的元素通过固溶强化、沉淀强化和晶粒细化来达到强化目的，如硅、锰、铬、镍等。

（1）硅的影响。硅含量对钢的变形抗力有明显的影响。通过硅合金化后，钢的变形抗力有较大的提高。例如，含硅量为 1.5%~2.0% 的结构钢（55Si2 和 60Si2），在一般的热加工条件下，其变形抗力比中碳钢约高出 20%~25%；当硅含量达 5%~6% 以上时，热加工较为困难。

（2）锰的影响。在低碳钢中添加锰时，可以使其变形抗力增加。添加较多的锰含量（如 3%<Mn%<30%）时，可使钢成为中锰钢和高锰钢，变形抗力相应增加。

（3）铬的影响。对铬含量为 0.7%~1.0% 的铬钢来说，影响其变形抗力的主要不是铬，而是钢中的碳含量。这些钢的变形抗力仅比其相应碳含量的碳钢高 5%~10%。对高碳铬钢 GCr6~GCr15（含铬量为 0.45%~1.65%），其变形抗力虽稍高于碳钢，但影响变形抗力的也主要是碳。高铬钢 1Cr13~4Cr13、Cr17、Cr23 等在高速下变形时，其变形抗力大为提高，特别对含碳量较高的铬钢（如 Cr12 等）更是如此。

（4）镍的影响。镍在钢中可使变形抗力稍有提高。但对 25NiA、30NiA 和 13Ni2A 等钢来说，其变形抗力与碳钢相差不大。当镍含量较高时，例如 Ni25~Ni28 钢，其变形抗力与碳钢相比有很大的差异。

7.4.2　组织的影响

材料的变形抗力与其组织有密切关系，其中晶粒大小是一个重要因素。图 7-2 为不同材料的屈服强度与晶粒尺寸之间的关系。可以看出，晶粒越细小，屈服强度越大，变形抗力也就越大。

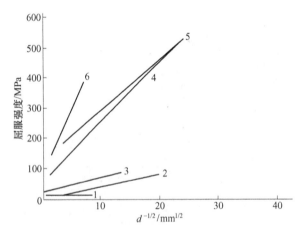

图 7-2　不同材料的流动应力随晶粒尺寸的变化关系曲线
1—Al；2—钢；3—Ni；4—碳钢（0.05%C）；5—碳钢（0.2%C）；6—Mo

另外，单相组织比多相组织的变形抗力要低。晶粒体积相同时，非等轴晶粒的变形抗力比等轴晶粒的大；晶粒尺寸不均匀时较均匀晶粒结构时为大。材料中的夹杂物对变形抗力也有影响。在一般情况下，夹杂物会使材料的变形抗力升高。材料中有第二相时，变形抗力也会相应提高。第二相微细粒子通过阻碍位错运动而引起强化。

7.5　变形条件对塑性变形抗力的影响

7.5.1　变形温度的影响

从绝对零度到熔点 T_m，可分为三个温度区间：

（1）完全硬化区间：$0 \sim 0.3\,T_m$；

（2）部分软化区间：$0.3 \sim 0.7\,T_m$；

（3）完全软化区间：$0.7 \sim 1.0\,T_m$。

一方面，在讨论变形温度对材料塑性变形抗力的影响时，必须考虑到由于温度的升高所引起的软化效应。例如，在软化温度区间内，持续时间长短对材料的软化程度有影响。随着温度的升高，消除硬化所需要的时间越短；温度越高，缩短的程度就越大。然而，在某些情况下，由于某种物理—化学转变的发生，即使温度大大超过 $0.3T_m$，材料也会发生硬化现象。

另一方面，在讨论变形温度对塑性变形抗力的影响时，还应注意到其主导作用的塑性变形机制。当温度低于 $0.3\,T_m$ 时，基本变形机制主要包括滑移机制和孪生机制。当温度高于 $0.3\,T_m$ 时，其组织会发生变化，大体分为回复、再结晶和晶粒长大等三个阶段：回复将使组织中产生亚结构；在再结晶阶段，组织中的变形晶粒将被等轴新晶粒所取代；而晶粒长大是指再结晶结束后晶粒的长大过程。伴随着加热过程中不同塑性变形机制的出现，材料的组织发生变化，材料的性能也将发生相应的变化。总体而言，硬化随温度的升高而降低的总效应取决于：

（1）回复和再结晶的软化作用，其中回复阶段的硬度变化较小，约占总变化的 1/5，而再结晶阶段则下降的较多；

（2）随着温度的升高，新的塑性变形机制的参与作用；

（3）剪切机制（基本塑性机制）特性的变化；

（4）相的改变。

以低碳钢为例，钢的拉伸试验结果（图 7-3）表明，随着温度的升高，屈服应力下降和屈服延伸减小并直至 400℃时消失。低于 300℃时，随温度的升高，抗拉强度升高，塑性下降；高于 300℃时，随温度的升高抗拉强度下降，塑性升高。

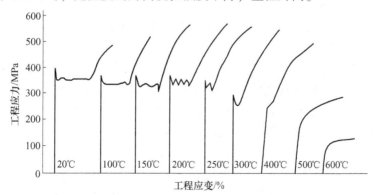

图 7-3　不同温度下低碳钢的拉伸曲线

低碳钢的塑性变形抗力的温度特性和应力-应变曲线的对应关系可由图 7-4 表示。其基本类型为图中曲线 A 和 B 所对应的那种关系，即随温度升高，变形抗力减小。关于在蓝脆区发生由曲线 A 偏离的现象，可以用位错与溶质原子的相互作用来解释。在外力作用下，碳和氮等间隙型溶质原子在位错交互作用时，会偏聚到位错周围，形成柯氏（Cottrell）气团。位错必须拉着气团运动，这种拉拽阻力的大小依赖于溶质原子的扩散速度和位错的运动速度。当温度升高时，扩散速度增大，因此这种阻力也变大（蓝脆性），在某个温度达到峰值后变小。因此，发生由曲线 A 的暂时偏离（曲线 D）。若应变速度增大，则峰值温度向高温侧移动。

另外，在相变区，由于铁素体（α）和奥氏体（γ）的晶体结构不同，在相同温度下，γ 的塑性变形抗力较高，所以在 α→γ 相变过程中的体积变化率引起的变形抗力变化用曲线 C 连接起来。

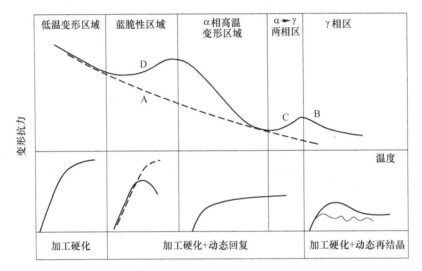

图 7-4　低碳钢的塑性变形抗力的温度特性与应力-应变曲线的对应关系图

关于塑性变形抗力的各特征值随温度变化的定量关系式，库尔纳科夫认为可写成如下形式，并称之为库尔纳科夫温度定律。

$$P_{t_1} = P_{t_2} e^{\alpha(t_2-t_1)} \tag{7-21}$$

式中　　P_{t_1}——温度 t_1 时塑性变形抗力的特征值（挤压压力、拉伸时的强度极限和屈服极限）；

　　　　P_{t_2}——温度 t_2 时上述各塑性变形抗力的特征值；

　　　　α——温度系数。

如果材料的变形抗力在从 0 到 1 的相对温度区间有 n 次变化，那么该材料在此温度区间就将有 $n+1$ 次变态。每一次温度变态都可用该次变态的温度系数 α，对应变态开始温度 T_k 的开始变形抗力 P_k 和对应变态终了温度 T_z 的终了变形抗力 P_z。

对于合金的每一次变态，其温度系数可用下式来确定：

$$\alpha = \frac{\ln P_k - \ln P_z}{T_z - T_k} \tag{7-22}$$

对于每一次温度变态，库尔纳科夫定律可以写成如下的近似形式：

$$P_t = P_{t_z} \cdot e^{\alpha(t_z - t)} = P_{t_z} \cdot e^A \approx P_{t_z}\left(1 + A + \frac{A^2}{2}\right) \qquad (7-23)$$

式中　P_t——相变温度下的变形抗力指标。

$$A = \alpha(t_z - t) \qquad (7-24)$$

为确定在 $0.7 \sim 0.95\, T_m$ 相对温度范围内的强度极限，σ_{bt} 可改写为：

$$\sigma_{bt} = \sigma_{bT}\left[1 + \alpha(0.95\, T_m - t) + \frac{\alpha^2(0.95\, T_m - t)}{2}\right] \qquad (7-25)$$

式中　σ_{bt}——温度 t 时的强度极限；

　　　σ_{bT}——温度为 $0.95\, T_m$ 和拉伸速度为 $40 \sim 50mm/min$ 时的强度极限；

　　　T_m——合金的熔点；

　　　α——温度系数。

对于纯金属 $\alpha = 0.008$；对单相系和多相系合金 $\alpha = 0.0085$；对固溶体 $\alpha = 0.008 \sim 0.012$。对镍和镍基合金以及其他耐热合金，温度系数相应提高 $20\% \sim 25\%$。

7.5.2　变形速率的影响

对于每一种材料，在设定的温度条件下都有其特征变形速率。当变形速率小于特征速率时，改变变形速率对于变形过程没有显著的影响；当变形速率大于此特征速率时，提高变形速率会引起变形抗力的提高，同时也会对软化过程以及与时间相关的塑性变形机制产生抑制作用。此外，在变形过程中由于变形速率的升高，会引起变形物体的热效应。

根据加工硬化和回复理论，认为塑性变形过程中在变形材料内部有两个相反的过程——强化和软化过程（回复和再结晶）同时存在。但回复和再结晶需要一定的时间来完成，时间不够将使变形材料的硬化速率超过软化速率，使变形抗力升高。由此可知，当变形速率超过保证得到最大软化的速率时，由于出现软化过程的时间不够，而使应力提高；当变形速率低于保证得到的最大软化的速率时，又由于实现塑性变形的时间不充分，而使应力提高。

变形速率对变形抗力的影响除上述的加工硬化和软化过程的因素外，热效应也是一个重要因素。例如，在铝合金的挤压过程中，由于在封闭的挤压筒内对锭坯施力，热效应造成的温升可达到 $50 \sim 100℃$；在拉拔过程中，当拉拔速度为每秒几十米时，可使材料的拉拔力下降，其原因就是拉拔时产生的热效应的结果。

7.5.3　变形程度的影响

在冷状态下，由于材料的加工硬化而引起材料的强化，变形抗力随着变形程度的增大而显著提高。

在热状态下，变形程度对变形抗力的影响较小。一般随着变形程度增加，变形抗力略有增加。图 7-5 为不同变形速率和变形温度条件下，变形程度对钢的变形抗力的影响规律。

7.5.4　应力状态的影响

在塑性加工过程中，变形物体所承受的应力状态对其变形抗力有很大的影响。例如，挤压时的变形抗力要比轧制时大；在孔型中轧制时要比在平辊上轧制时大；模锻时要比在

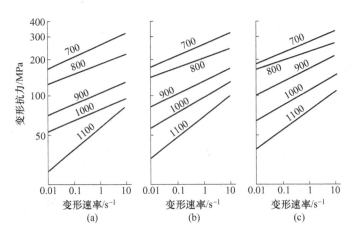

图 7-5　变形程度对钢的变形抗力的影响

(a) 50%；(b) 10%；(c) 2%

平锤头间锻造时大等。在应力图示中压应力状态越强，变形抗力越大。挤压时为三向压应力状态，而拉拔时为一向拉伸和两向压缩的应力状态，所以挤压时金属的变形抗力大于拉拔时的变形抗力，如图 7-6 所示。

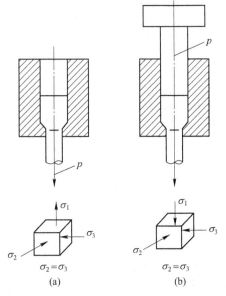

图 7-6　拉拔和挤压时不同的应力状态

(a) 拉拔；(b) 挤压

材料的变形抗力在很大程度上取决于静水压力。实验表明，当静水压力从 0 增加到 5000MPa 时，材料的变形抗力可增加一倍。例如，当钢在 600℃进行退火处理，施以 220MPa 的径向应力时，其变形抗力由 209MPa 增至 217MPa，断裂时的断面收缩率由 71.5%增至 84.3%。

在下述情况下，静水压力的影响较为显著：

(1) 材料的原始组织或在塑性变形过程中发生的组织转变有脆性倾向。此时静水压力可以使材料变得致密，从而提高材料的变形抗力。通常，材料越倾向于脆性状态，静水压力的影响越显著。

(2) 材料的流变行为与黏塑性体的行为相一致。对黏性体来讲，变形速率和静水压力对其变形抗力有明显的影响，对黏塑性体也是同样的。黏性性质越明显，这种影响就越大。在一定温度和速率条件下（特别是在温度接近熔点且变形速率不大时），材料的流动行为与黏塑性体的流变行为一致。此时，变形速率和静水压力对材料产生相应的影响。

7.6　加工硬化曲线

加工硬化曲线为材料的塑性变形抗力与变形程度间的关系曲线，通过它可以得出不同变形程度下变形抗力的变化规律。加工硬化曲线可用拉伸、压缩或扭转的方法来确定，其中拉伸法最为常用。在拉伸法中按变形程度表示方法的不同，硬化曲线可分为三种：

（1）σ—δ 曲线，其中 σ 为真应力，δ 为伸长率。

$$\delta = \frac{l - l_0}{l_0} \times 100\% \tag{7-26}$$

（2）σ—ψ 曲线，其中 σ 为真应力，ψ 为断面收缩率。

$$\psi = \frac{A_0 - A}{A_0} \times 100\% \tag{7-27}$$

（3）σ—ε 曲线，其中 σ 为真应力，ε 为真应变。

$$\varepsilon = \ln \frac{l}{l_0} \tag{7-28}$$

在这三种硬化曲线中，目前以第三种较为常用，因此在此仅对第三种曲线加以分析讨论。

对材料的加工硬化曲线进行分析，有助于研究材料的加工硬化特性以及各不同加工硬化阶段的强化机制，以便建立加工硬化特性、组织组成和变形过程中的组织变化之间的关系。

多晶材料变形过程中，由于材料内部组织发生变化，使之加工硬化特性在不同阶段呈现出不同的表现。例如对纯铁加工硬化曲线的分析表明，在均匀变形阶段，曲线有双阶段硬化特性；后来的一些工作对不同温度下多晶钛的加工硬化曲线进行了分析。目前，用于加工硬化曲线分析的方程主要包括：Hollomon 方程、C-J（Crussard–Jaoul）方程和修正的 C-J 方程等。

（1）Hollomon 分析。

对材料的加工硬化曲线分析的常用方程是霍洛曼（Hollomon）方程，即：

$$\sigma = k\varepsilon^n \tag{7-29}$$

式中　　n ——加工硬化指数；

$\quad$ k ——常数；

$\quad$ ε ——真应变；

$\quad$ σ ——真应力。

对该式两端取自然对数，得到 Hollomon 分析方程，即：

$$\ln\sigma = \ln k + n\ln\varepsilon \tag{7-30}$$

这种分析方法是以 $\ln\sigma$-$\ln\varepsilon$ 作图，n 和 k 值可通过关系求斜率和截距的方法获得。一般而言，在屈服强度很低时，Hollomon 分析才可给出较为有用的结果，并且反映变形机制的一个加工硬化参数 n 并不能描述整个应变水平下双相或多相组织的变形特性。

（2）C-J 分析。

区分加工硬化区域不同机制的分析方程是 Crussard–Jaoul 方程，即

$$\sigma = \sigma_0 + k\varepsilon^n \tag{7-31}$$

式中　　σ_0 ——与材料有关的常数。

对式（7-31）两端先微分，再取自然对数得到 C-J 分析方程，即

$$\ln \frac{\mathrm{d}\sigma}{\mathrm{d}\varepsilon} = \ln(kn) + (n-1)\ln\varepsilon \tag{7-32}$$

利用式 (7-32) 对不同材料均匀塑性变形阶段的加工硬化曲线进行分析，可以得到 $\ln(\mathrm{d}\sigma/\mathrm{d}\varepsilon) - \ln\varepsilon$ 之间的关系曲线。C-J 分析可以很好地反映出低应变下的加工硬化机制的变化，因此，对于评价由成分和热处理、显微组织参数对复相组织变形特性的影响是一种有用的技术。

（3）修正的 C-J 分析。

修正的 C-J 分析是基于 Swift 方程，即

$$\varepsilon = \varepsilon_0 + k\sigma^m \tag{7-33}$$

式中　ε_0——初始真应变；

k ——与材料有关的常数；

m ——加工硬化参数。

对式 (7-33) 两端先微分，再取自然对数得到修正的 C-J 分析方程，即

$$\ln \frac{\mathrm{d}\sigma}{\mathrm{d}\varepsilon} = (1-m)\ln\sigma - \ln(km) \tag{7-34}$$

利用式 (7-34) 对不同材料均匀塑性变形阶段的加工硬化曲线进行分析，可以得到 $\ln(\mathrm{d}\sigma/\mathrm{d}\varepsilon) - \ln\sigma$ 之间的关系曲线。

修正的 C-J 分析也是适合于分析复相组织变形特性的一种有用的分析技术和方法。采用修正的 C-J 分析时，可以将均匀伸长和缩颈出现的变形参数进行联系，即 $\varepsilon_u = 1/m + \varepsilon_0$；式中 ε_u 为由康西德判据定义的均匀真应变。在 C-J 分析中并没有这一简单联系。

例 7-2　对 Fe-0.1C 钢按照工艺 A、B 和 C 进行不同条件下的热处理，其中工艺 A——临界热处理（780℃/1h）+ 淬火（干冰）+ 回火（200℃/2h）；工艺 B——奥氏体化（950℃/2h）+ 炉冷至 750℃，保温 1h + 淬火（干冰）+ 回火（200℃/2h）；工艺 C——奥氏体化（950℃/2h）+ 快冷（干冰）至 750℃，保温 1h + 淬火（干冰）+ 回火（200℃/2h）。根据 C-J 分析和修正 C-J 分析绘制的双相钢（Fe-0.1C）的应变硬化曲线，分别如图 7-7 (a) 和 (b) 所示。

（1）试说明为何 C-J 分析不适合于分析双相钢的应变硬化行为。

（2）假设双相钢不同相之间的加工硬化行为满足混合法则，即 $\dfrac{\mathrm{d}\sigma'}{\mathrm{d}\varepsilon'} = V_F \dfrac{\mathrm{d}\sigma^F}{\mathrm{d}\varepsilon^F} + V_M \dfrac{\mathrm{d}\sigma^M}{\mathrm{d}\varepsilon^M}$。

试通过比较第二阶段的斜率的实验值与理论值，说明修正的 C-J 分析适合于分析双相钢的应变硬化行为（其中对 Fe-0.3C 钢进行淬火获得的纯马氏体钢的应变硬化曲线斜率为 - 20.10，见表 7-2）。

解：（1）双相钢由铁素体和马氏体组成，其中铁素体为软相，马氏体为硬相。在塑性变形阶段，铁素体优先发生塑性变形，随着变形量增加至某一数值，马氏体才开始发生塑性变形。由于铁素体和马氏体的性质不同，两相的变形行为也有所不同，其塑性变形应该是分阶段的。由于 C-J 分析得出的是直线，说明该方法不适用于分析双相钢的应变硬化行为。

（2）采用修正的 C-J 分析，可将双相钢的应变硬化行为分为两个阶段描述。其中，在折点之前的第一阶段与铁素体基体的变形相关，而在第二阶段则可能与铁素体和马氏体的

均匀应变有关，其斜率与两相的混合率相关，经混合法则可求出不同工艺条件下第二阶段斜率的理论值，如表 7-2 所示。对比可知，第二阶段斜率的理论值与采用修正的 C-J 分析获得的实验值相吻合。这也证实了修正的 C-J 分析适合于描述双相钢的应变硬化行为。

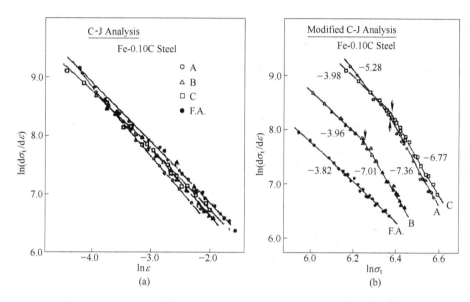

图 7-7 不同工艺条件下获得的双相钢（Fe-0.1C）的应力-应变曲线
(a) C-J 法；(b) 修正的 C-J 法

表 7-2 第二阶段斜率的实验值与采用混合法则获得的理论值对比

不同工艺条件下马氏体的相分数	第二阶段的斜率（实验值）	铁素体相的斜率（实验值）	完全马氏体钢（0.3%C）的斜率	混合法则获得的第二阶段斜率
工艺 A (0.228)	-7.36	-3.82	-20.10	-7.53
工艺 B (0.230)	-7.01	-3.82	-20.10	-7.56
工艺 C (0.227)	-6.77	-3.82	-20.10	-7.52

7.7 包辛格效应

7.7.1 包辛格效应的定义

在材料塑性加工过程中正向加载引起的塑性应变强化导致材料在随后的反向加载过程中呈现塑性应变软化（屈服极限降低）的现象。这一现象是包辛格（J. Bauschinger）于 1886 年在材料的力学性能实验中发现的。

包辛格效应可用图 7-8 中的曲线来说明。σ 和 ε 分别表示应力和应变。具有强化性质的材料受拉且拉应力超过屈服极限（A 点）后，材料进入强化阶段（AD 段）。若在 B 点卸载，则再受拉时，拉伸屈服极限由没有塑性变形时的 A 点提高至 B 点的值。若在卸载后反向加载，则压缩屈服极限的绝对值由没有塑性变形时的 A' 点降低至 B' 点的值。图中

OACC' 线是对应更大塑性变形的加载–卸载–反向加载路径，其中与 *C* 和 *C'* 点对应的值分别为新的拉伸屈服极限和压缩屈服极限。

包辛格效应的定义方法目前尚不统一，描述和表征包辛格效应的参量也有多个，例如，包辛格应变、包辛格效应参数 BEP（Bauschinger Effect Parameter）、包辛格能量因子、包辛格效应因子 BEF（Bauschinger Effect Factor）以及包辛格能量参数 BEPE（Bauschinger Energy Parameter）等。目前，应用较方便并和材料的加工硬化特性有一定联系的包辛格效应参数是 BEP。BEP 参量的定义如下：

$$\text{BEP} = \frac{|\sigma_\text{F}| - |\sigma_\text{R}|}{|\sigma_\text{F}| - |\sigma_0|} \tag{7-35}$$

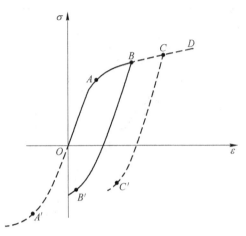

图 7-8　包辛格效应的原理图

式中　σ_F——给定预应变下参考曲线所对应的流动应力；

σ_R——相同预应变下的反向流变应力；

σ_0——材料的初始流变应力。

包辛格效应是材料中一种很常见的现象，例如黄铜、铜、铝、锌等单晶和多晶材料中均有包辛格效应。一般认为，该效应与材料内部因为塑性变形产生的残余应力以及位错塞积等因素相关。

包辛格效应使材料具有各向异性，使材料塑性加工过程的力学分析复杂化。为使问题简单，易于进行力学分析，在塑性加工的力学分析中，通常对包辛格效应不予考虑。但对于具有往复加载卸载再加载的变形过程，有反向塑性变形的问题则应予以考虑。

7.7.2　描述包辛格效应的模型

描述包辛格效应的理论模型可分为宏观模型和微观模型。

宏观模型通常是基于连续力学的原理。按照基本假设的不同，这类模型分为残留应力模型、弹塑性无硬化模型、各向同性硬化模型、动力学硬化模型、动力学和各向同性硬化的综合模型等。

微观力学模型是基于对弥散硬化材料加工硬化的研究。这类材料在初始屈服后，材料的加工硬化有两个机制：（1）林位错硬化 σ_for。这种硬化主要起因于作为位错运动障碍的硬质点附近局部位错密度增加，流变应力增加；（2）由于粒子的存在，使母相中产生非松弛内应力 σ_Mi。其中，σ_for 和 σ_Mi 均正比于塑性应变的平方根，而反比于粒子半径的平方根，同时 σ_for 正比于粒子的体积分数 f，而 σ_Mi 正比于 $f^{1/2}$。因此，材料的流变应力可表达为：

$$\sigma_\text{f} = \sigma_0 + \sigma_\text{for} + \sigma_\text{Mi} = \sigma_0 + AGf^{1/2}\left(\frac{b\varepsilon_\text{p}}{r}\right)^{1/2} + BGf\left(\frac{b\varepsilon_\text{p}}{r}\right)^{1/2} \tag{7-36}$$

式中　b——柏氏矢量；

G——剪切模量；

ε_p——预应变；

A，B——与粒子形状有关的系数。

对 Cu-Si 合金的试验证明：$2\sigma_M = \Delta\sigma_p$，$\Delta\sigma_p$ 为永久软化

$$\sigma_M = 2Gf\gamma\varepsilon_p^* \frac{G^*}{G^* - \gamma(G^* - G)} \tag{7-37}$$

式中 γ——伴随因子；

ε_p^*——非松弛应变；

G^*——非变形粒子的弹性模量。

因此，在测定了 $\Delta\sigma_p$ 后，可由式（7-37）求出 ε_p^*。ε_p^* 与材料的尺寸稳定性有关。ε_p^* 与塑性应变 ε_p 具有抛物线关系，即 $\varepsilon_p^* = \alpha\varepsilon_p^{1/2}$。

将式（7-36）改变形式，则有：

$$\frac{\sigma_f - \sigma_0}{2\sigma_{Mi}} = 0.5 + Cf^{-1/2} \tag{7-38}$$

式中，$C = \dfrac{A}{B}$，为与粒子形状有关的常数，显然 $\dfrac{\sigma_f - \sigma_0}{2\sigma_{Mi}}$ 与正向应变 ε_p 无关。文献表明，反向流变曲线的初始软化的特征是抛物线形的，并且与 σ_M 有关。对于一个小的反向塑性应变 ε_r，则有：

$$\frac{\sigma_r}{\sigma_p} = \beta_M \varepsilon_r^{1/2} \tag{7-39}$$

式中 β_M——与 σ_{Mi} 有关的系数。

因此，该式表明：反向与正向流动应力之比与反向塑性应变具有抛物线关系。

7.7.3 研究包辛格效应的意义及应用实例

关于包辛格效应机制的知识对构建复杂循环塑性变形的本构模型，从本质上理解加工硬化现象以及合理解释一些疲劳效应，如平均应力的弛豫和循环蠕变等都至关重要。还可用包辛格效应来确认各种不同位错机制对应变硬化的贡献。任何一个完备的硬化理论都必须能够定量解释载荷反向时的包辛格效应，即可用来检验理论的有效性。

同时，包辛格效应具有实际应用价值，例如采用拉弯成形工艺提高板料成形精度。拉弯成形原理如图 7-9 所示，主要分为三个步骤：（1）拉伸缸钳口夹住材料并给型材施加预拉伸力，达到材料屈服强度；（2）拉弯机回转缸加载弯曲回转，拉伸缸按照程序设定轴向拉力，使型材围绕弯模具做贴合运动而使材料成形；（3）根据材料变形回弹情况增加

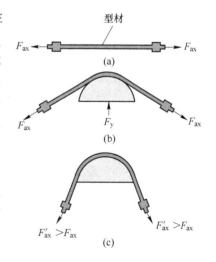

图 7-9 拉弯成形原理图

(a) 预拉伸；(b) 弯曲；(c) 最终弯曲

补拉伸。研究表明，对于先拉后弯，包辛格效应有利于降低零件的回弹，但由于预拉伸量较小，或反向加载区域较小，其影响不大；对于先弯后拉，包辛格效应不利于减小回弹。

拉弯成形常用于飞行器制造业，采用拉弯成形曲率半径较大的板制弯曲件，可以降低回弹，显著提高成形精度。另外，汽车覆盖件大多是形状复杂的空间曲面结构，随着成形过程中板料曲面形状的不断变化，板面内的主应力和大小、应变路径不断变化，当板料局部由拉应变转变为压应变时，产生的包辛格效应会使材料的力学性能发生变化，引起板料原本的塑性流动方式的改变。因此，在有限元仿真分析中需准确模拟这一过程，因为这不仅决定了成形仿真的精度，还对后续的回弹预测精度有重要影响。

习题与思考题

7-1 简述变形速率对金属塑性变形抗力的影响。

7-2 用图示说明塑性变形抗力的温度特性与应力-应变曲线的对应关系。

7-3 列举用于加工硬化分析的常用方程与分析方法。

7-4 比较多相组织与单相组织的加工硬化行为，并给予解释。

7-5 举例说明构建金属变形抗力数学模型的主要步骤。

7-6 根据轧制、模锻、挤压和拉拔工艺过程中的应力分布特征，说明应力状态对材料塑性变形抗力的影响规律。

7-7 列出用于加工硬化曲线分析的常用方程，并比较各自的优缺点。

7-8 分别用 C-J 分析和修正 C-J 分析研究双相钢的应变硬化行为，试说明哪种方法适用于分析双相钢的应变硬化行为？

7-9 请结合图示阐述包辛格效应及对拉弯成形工艺的影响。

8 材料的塑性行为

8.1 材料塑性的基本概念

所谓塑性，是指材料在外力作用下，能稳定地发生永久变形而不被破坏其完整性的能力。

塑性是材料的固有性质，主要受材料内在的化学成分与组织结构的影响。同时，当外部的变形条件，如变形温度、变形速度、应力状态等变化时，材料的塑性也将发生变化。

研究塑性就要探索材料塑性的变化规律，选择合适的加工方法，确定最佳的工艺制度（变形温度、变形速率及需用的最大变形量等），寻求改善材料塑性的主要途径，从而提高产品质量。

8.2 材料塑性指标及测定方法

8.2.1 塑性指标

材料塑性的大小可用材料在断裂前产生的最大变形程度来表示。它表示塑性加工时材料塑性变形的限度，称为"塑性极限"或"塑性指标"。塑性指标通常用标准的力学性能实验进行测定。目前，最常用的表示材料塑性变形性能的主要指标有：

(1) 拉伸试验时的延伸率（δ）和断面收缩率（ψ）；

(2) 扭转试验的扭转周数（n）；

(3) 锻造及轧制时刚出现裂纹瞬间的压下率（ε）；

(4) 深冲试验时的压进深度（ΔH）。

8.2.2 材料塑性的测定方法

测定材料塑性的方法最常用的有力学性能试验方法和模拟试验法两大类。

8.2.2.1 力学性能试验法

A 拉伸试验法

拉伸实验在材料力学试验机进行，拉伸速度通常为（3~10）$\times 10^{-3}$ m/s，对应的变形速率为 $10^{-3} \sim 10^{-2}$ s^{-1}。此实验也可在变形速度范围更宽的试验机，如 Gleeble 热力耦合模拟试验机上进行。

在拉伸试验中可确定伸长率（δ）和断面收缩率（ψ）两个塑性指标，这两个指标越高，说明金属的塑性越好。其中，伸长率的表达式为：

$$\delta = \frac{\Delta l}{l} \times 100\%$$ (8-1)

式中　l——试样原始计算长度；

　　　Δl——断裂前后计算长度的绝对伸长量。

　　断面收缩率为：

$$\varphi = \frac{A - A_0}{A} \times 100\%$$ (8-2)

式中　A_0——试样的原始断面积；

　　　A——试样断口处的断面积。

　　伸长率表示材料在拉伸轴方向上断裂前的最大变形。由试验可知，一般塑性较高的材料，当拉伸变形到一定阶段时，便开始出现缩颈，使变形集中在试样的局部区域，直至拉断。缩颈前，试样受单向拉应力；而缩颈后，在细颈处受三向拉应力。因此，试样断裂前的伸长率包括均匀变形和集中的局部变形两部分的变形总和。

　　伸长率的大小与试样的原始计算长度有关，试样越长，局部变形的比值越小，伸长率就越小。因此，以伸长率作为塑性指标时，必须把试样的标距长度固定下来，才能相互比较。

　　断面收缩率的大小与试样的原始标距长度无关，因此在塑性材料中用断面收缩率作塑性指标，可以获得比较稳定的数值，有其优越性。总的来说，伸长率和断面收缩率用于测定材料不同类型的性能，伸长率则主要受均匀延伸变形的影响，因而取决于材料的应变硬化能力；断面收缩率则更侧重于断裂所需的最大变形量，而且主要是缩颈过程作用的结果。然而，由于拉伸试验的局限性，该试验还不能反映复杂条件下材料的可加工性，而只能反映材料本身塑性的大小。

　　热拉伸试验可用于确定材料在不同温度条件下的伸长率或断面收缩率，进而可以确定最佳的热加工温度范围。高温拉伸试验还可用于评价裂纹形成的敏感性。例如，含硫的18Cr9Ni奥氏体不锈钢在轧制中因端部开裂，致使废品率提高。可通过不同含硫量试样的热拉伸试验研究影响此缺陷形成的原因，如图8-1所示。可以看出，在高温下两种钢的断面收缩率差异明显，而在低温下几乎没有差异，从而说明高温时含硫量高、热塑性差。

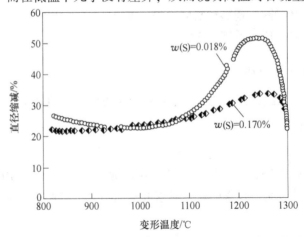

图 8-1　18Cr9Ni 奥氏体不锈钢在高、低硫含量条件下的
热拉伸塑性（应变速率为 6s^{-1}）

B 扭转试验法

扭转试验在专门的扭转试验机上进行。试验时将圆柱体试样的一端固定，另一端扭转。扭转试验的塑性指标以试样扭断时的扭转角（在试样标距起点和终点两个截面间的相对扭转角）或扭转圈数 n 来表示。热扭转试验可用于确定斜轧穿孔时的合适温度，图8-2示出了 W18Cr4V 高速钢破断前的扭转数随试验温度的变化曲线。

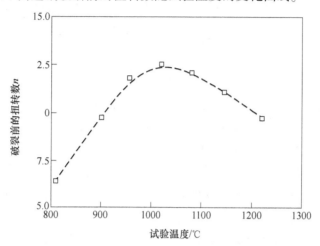

图 8-2　W18Cr4V 高速钢不同试验温度下破断前的扭转数

与拉伸试验相比，扭转试验更适合于测定材料的塑性。这是由于扭转试验可直接得出剪切力-剪应变曲线，该曲线在表征塑性性能方面比拉伸试验测定的应力-应变曲线更具有实际意义，并且扭转试验可得到大应变量，而不会出现像拉伸时的缩颈或压缩时因端面摩擦效应形成鼓形等复杂情况，在应变速率不变或高应变速率条件下做扭转试验要比拉伸试验容易。这种试验的不足之处主要在于，将扭转-转角数据换算成剪应力-应变曲线较为繁琐。

C 压缩试验法

在简单加载条件下，用压缩试验法所测定的塑性指标可表达为：

$$\varepsilon = \frac{H - h}{H} \times 100\% \tag{8-3}$$

式中　H——试样的原始高度；

　　h——试样变形后开始出现第一条裂纹时的高度。

图8-3所示为一种局部宽度压入试验，即一个长×宽×高（$l \times w \times h$）的平板试样在一对矩形压头（$W_0 \times L_0$）作用下压入，其中压头的宽度 W_0 小于试样的宽度 w。当压头压入并穿透试样厚度时，迫使宽度为 W_0 的材料纵向延伸，试样两侧宽度分别为 b 的金属被迫受拉伸变形最终断裂。断裂处试样高度为 h_f。

此时，变形金属的塑性指标可表达为：

$$\varepsilon_f = \frac{h - h_f}{h} \times 100\% \tag{8-4}$$

局部宽度压入试验不仅可用于确定材料的固有塑性，而且也可评价不均匀变形条件下材料的可加工性。从试验情况看，由于压头的强迫压入，试样承受一种极强的不均匀变

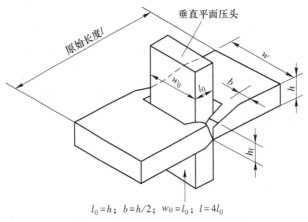

$l_0 = h$；$b = h/2$；$w_0 = l_0$；$l = 4l_0$

图 8-3　局部宽度压入试验示意图

形，这种试验可用来确定塑性材料的断裂极限值。

D　弯曲试验法

材料的弯曲试验是将冷状态或热状态的试样弯曲到一定的角度，如图 8-4 所示。观察弯曲部分的外侧是否出现裂纹，用裂纹的数量来评价材料的塑性。

材料的弯曲试验通常在万能试验机或专用的弯曲试验机上进行（图 8-5）。弯曲试验大多采用三点弯曲方式，弯曲程度大致可分为三类：（1）达到某种程度的弯曲；（2）绕着弯心弯到两面平行的弯曲；（3）弯到两面接触的重合弯曲。具体采用哪种弯曲类型，需视实际应用情况而定。弯曲试验检查弯曲处外面及两侧，一般如无裂纹、裂断或起层，即可认为合格。

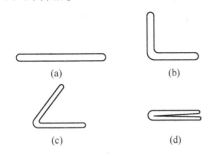

图 8-4　板材的弯曲试验

（a）试验板材；（b）90°弯曲；（c）120°弯曲；（d）180°弯曲

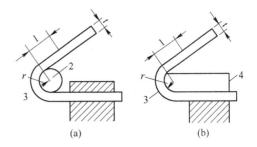

图 8-5　弯曲方法

（a）绕弯心轴的弯曲；（b）绕模板面的弯曲

1—载荷；2—轴；3—试样；4—模板

E　冲击试验法

当试验机的重摆从一定高度自由落下时，在试样中间开 V 型缺口，试样吸收的能量等于重摆所做的功 W。若试样在缺口处的最小横截面积为 F_k，冲击韧性 a_k 为：

$$a_k = \frac{W}{F_k} \qquad (8\text{-}5)$$

其中，a_k 的单位为 J/cm^2。

目前，冲击试验主要有两种：V 型和 U 型。一般情况下 V 型的冲击功值小于 U 型的。冲击韧性不完全是一种塑性指标，它是反映材料强度和塑性的综合指标。相同的 a_k

值，其材料的塑性可能不相同。因 a_k 与材料的尺寸、缺口的形状有关，故试验时必须制成标准试样才能比较。

8.2.2.2 模拟试验法

在模拟具体的塑性加工过程来确定材料的塑性指标时，必须使其基本应力状态与所模拟的塑性加工过程或所模拟的工序相同。用这种方法所测定的塑性指标，通常称为工艺塑性指标或工艺塑性。通常的模拟实际加工过程塑性指标的测定方法包括轧制性、锻造性和模锻性测试等。

A 顶锻试验或镦粗试验法

镦粗试验是将一组圆柱形试样在压力机落锤上镦粗（图 8-6），分别依次镦粗到预定的变形程度，第一个出现表面裂纹的变形程度作为塑性指标，即：

$$\varepsilon = \frac{H - h}{H} \times 100\% \tag{8-6}$$

式中 H ——试样的原始高度；

h ——试样镦粗后，在侧表面出现第一条裂纹时的高度。

为了减少试样的数量和试验工作量，可做一个楔形块当做试样（图 8-7）。这样一个楔形块镦粗后便可获得预定的各种变形程度，以替代一组圆柱形试样，只要计算出第一条裂纹处的变形程度 ε，即可确定材料镦粗时的塑性指标。如果把若干组试样或者楔形块加热至不同的预定温度，进行镦粗试验，则可测定材料在不同温度下的塑性指标。

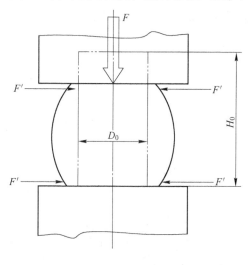

图 8-6　圆柱形镦粗

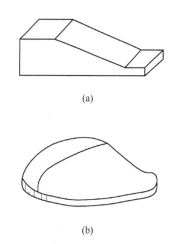

图 8-7　楔形镦粗
(a) 原始试样；(b) 出现裂纹后试样

需要说明的是，镦粗试验时试样裂纹的出现，是由于侧表面处拉应力的作用。工具与试样界面表面的摩擦力、散热条件、试样的几何尺寸等因素，都会影响到拉应力的大小。因此，用镦粗试验测定材料的塑性指标时，为便于比较，必须制定相应的规程，并说明试验的具体条件。

根据镦粗试验的塑性指标，金属材料可分为：

（1）高塑性材料：$\varepsilon > 60\% \sim 80\%$；

（2）中塑性材料：$\varepsilon = 20\% \sim 40\%$；

（3）低塑性材料：$\varepsilon < 20\%$，该材料实际上难以锻压加工。

镦粗试验的缺点主要体现在：高温下对高塑性材料镦粗，即使施加较大的变形量试样侧表面也不出现裂纹，因而得不到极限变形量。实际上，在顶锻过程中形成裂纹，有时是表面存在缺陷所造成的，在试验时应加以区分。

　　B　楔形轧制试验法

楔形轧制是一种在平辊上将楔形试样轧制扁平带状。楔形试样经具有一定辊缝值的两平辊轧制后，由于轧件原始高度的不同沿轧件长度方向上产生不同的压下率，如图 8-8 所示。此时，最先发生裂纹处的压下率称为试样材料的塑性指标。

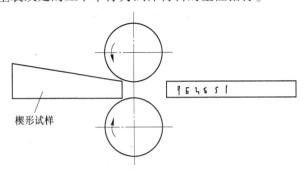

图 8-8　在平轧辊上轧制楔形试样示意图

通过轧后观察测量最初出现裂纹处的压下率来表示塑性大小，可表达为：

$$\varepsilon_c = \frac{H - h}{H} \times 100\% \qquad (8-7)$$

式中　　h ——轧后最先出现裂纹的高度；

　　　　H ——最先出现裂纹处轧前的原始高度。

　　此测定方法不需要制备特殊的轧辊，但确定极限变形量比较困难，因为轧后轧件的高度是均一的，难以找出该处所对应的原始高度。

　　另一种方法是采用偏心辊轧制将矩形轧件轧成楔形，图 8-9 示出了一种利用双辊刻槽楔形轧制的工艺原理图。由于轧辊偏心，所以在轧制过程中两轧辊间的辊缝值在不断地变化。因此，轧制前沿试样长度方向高度均一的试样，经轧制后变成楔形，沿其长度方向产生不同的压下率。这样可根据轧后试样上裂纹的分布找到最初出现的裂纹，测

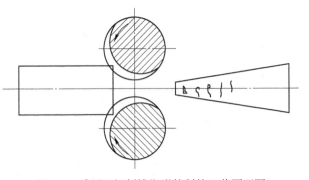

图 8-9　采用双辊刻槽楔形轧制的工艺原理图

出该处试样的高度，并根据式（8-7）确定材料的塑性指标。采用双辊刻槽楔形轧制试验法的优点是：可得到相当大的压下率范围，只需进行一次试验便可确定极限变形量；其次是该试验可以很好地模拟轧制时的情况，同时也避免上述方法在试样加工方面的麻烦。

　　模拟实际塑性加工过程测定塑性指标的方法虽然在生产实际和科学实验中得到了广泛

的应用，但仍存在着一些缺点，比如按此塑性指标所确定的极限变形是近似的。这是因为其所模拟的仅仅是基本应力状态，而没有考虑到几何相似条件和物理相似条件。

8.2.3 塑性状态图及其应用

表示材料塑性指标与变形温度及加载方式的关系曲线图形，称为塑性状态图或简称为塑性图。塑性图提供了温度、速度及应力状态类型对材料塑性状态的影响规律。在塑性图中所包含的塑性指标越多，变形速度变化的范围越大，应力状态的类型越多，则越有利于制定材料的热变形制度。

塑性图可用来选择材料的合理塑性加工方法及制定适当的冷热变形规程，是材料塑性加工生产中不可缺少的重要数据之一，具有很大的实用价值。目前，各种测定方法仅仅反映其特定变形条件下的塑性情况，因此为确定实际加工过程中的变形温度，塑性图上需要给出多种塑性指标，最常用的有 δ、ψ、n、a_k、ε 等。下面以 MB5 合金的塑性图（见图 8-10）为例，分析选定该合金加工工艺规程的原则和方法。

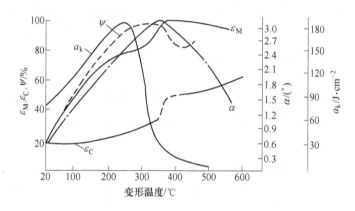

图 8-10 MB5 合金的塑性图

a_k—冲击韧性；ε_M—低速下的压下率；ε_C—高速下的压下率；

ψ—断面收缩率；α—弯曲挠度

MB5 为变形镁合金，其主要成分为 $(5.5\sim7.0)w(\mathrm{Al})-(0.15\sim0.5)w(\mathrm{Mn})-(0.5\sim1.5)w(\mathrm{Zn})$。根据 Mg-Al 二元相图可知，在 530℃ 附近开始熔化，270℃ 以下为 $(\alpha+\gamma)$ 两相区。因此，该合金的热变形温度应选在 270℃ 以上的单相区。如在低变形速率条件下，当温度为 350~400℃ 时，ψ 和 ε_M 都有最大值，因此不论是轧制还是挤压，均可在该温度范围内实现低速变形。如在锻锤下加工，因 ε_C 在 350℃ 有突变，所以变形温度应选在 400~450℃。若工件形状比较复杂，在变形时易发生应力集中，则应根据 α_k 曲线来判定。可以看出，α_k 在相变点 270℃ 附近突然降低，因此锻造或冲压的工作温度应在 250℃ 以下进行。

必须指出，为了正确确定变形温度范围，仅有塑性图还是不够的，因为许多材料的加工，不仅要保证顺利实现成形过程，还必须满足材料的某些组织性能方面的要求。为此，在确定变形温度时，除了塑性图外，还需要参考合金相图、再结晶图以及必要的显微组织观察等。

8.3 塑性的影响因素

影响材料塑性的因素大致可分为三个方面：材料的自然属性、变形的温度和速度条件以及变形的力学条件。

8.3.1 材料的自然属性对塑性的影响

8.3.1.1 化学成分的影响

铁：化学纯铁具有很高的塑性，工业纯铁在 900℃ 左右时，塑性突然下降。

碳：在碳钢中含碳量越高，钢的塑性越差，热加工温度范围越窄。例如，当铸钢中碳含量小于 1.4% 时，具有很好的可锻造性和可轧性；当含碳量高于 1.4% 时，析出的自由渗碳体和莱氏体导致其塑性下降。从铁碳平衡相图中可以看出，具有 1.4%~1.7% 碳含量的碳钢在很窄的温度范围内形成固溶体。

锰：在低碳钢中，锰的添加可提高钢的塑性，但含锰钢对过热的敏感性强，在加热过程中晶粒容易粗大，使钢的塑性降低。在高锰钢中，随着锰含量的增加，材料的层错能提高，孪生诱发塑性（Twinning induced plasticity，TWIP）效应增强，可显著改善材料的塑性。

硫：硫是钢中有害杂质，易使钢材产生"红脆"现象。在钢中硫主要以 FeS、MnS 等硫化物夹杂的形式存在。如钢中含有合金元素时，还会形成镍、钼和其他合金元素的硫化物，如表 8-1 所示。

表 8-1 硫在钢中的主要存在形式及其熔点

硫化物	熔点/℃	硫化物共晶体和化合物	熔点/℃
FeS	1199	Fe–FeS	985
MnS	1600	FeS–FeO	910
MoS_2	1185	FeS–MnO	1179
NiS	797	MnS–MnO	1285
		Mn–MnS	1575
		Ni–Ni_3S_2	645
		$2FeSNi_3S_2$	885

硅：纯硅不能进行塑性变形。当在钢中的硅以固溶状态的形式存在时，它对该金属的塑性影响不大。在奥氏体钢中，硅含量大于 0.5% 时，对塑性不利；硅含量大于 2.0% 时，钢的塑性降低；硅含量大于 4.5% 时，在冷状态下塑性很差。

镍：可提高纯铁的强度和塑性，能减缓钢在加热时晶粒的长大。在碳钢和低合金钢中，当含镍量在 5% 以下时，可改善钢的热塑性。镍可与硫形成硫化物以薄膜形式存在于晶粒的边界上。因此，在含镍的钢中提高硫的数量会引起钢的红脆现象。

铬：是铁素体形成元素，在一系列的奥氏体钢中，含有一定量的铬时会产生铁素体的过剩相，使钢的塑性下降。含铬量高的铁素体在再结晶时具有很大的晶粒长大性倾向。同时，在钢中加入铬也会使其导热性下降，因此为避免在加热时出现裂纹，应在较低的温度下进行缓慢而均匀的加热。

钨、钼、钒：这些元素都是碳化物形成元素，它们所形成的碳化物极为稳定，为使其溶于基体中需要更高的加热温度和足够的加热时间。这些碳化物能阻止奥氏体在加热时的晶粒长大，减小钢的过热敏感性。

铝：铝为高塑性金属。纯铝可以承受冷、热加工变形。在一定的范围内，铝加入到碳钢和低合金钢中会使其塑性下降，这可能是由于在晶间处形成氮化铝的缘故。

铜：纯铜具有非常高的塑性。由于铜在高温下易发生氧化，因此，必须严格控制铜在热变形前的加热条件。例如，铜只能在氧化气氛中加热，若在还原气氛中加热，会发生"红脆"现象。实践证明，钢中含铜量达到 0.15%～0.30% 时，在热加工时钢的表面会产生龟裂。

硼：在钢锭中，硼含量为 0.01% 以下时，有较好的塑性；当含硼量提高到 0.02% 以上时，使金属塑性降低；当含硼量达到 0.1% 时，塑性显著下降。这是因为多余的硼会形成大量熔点较低的共晶体（Fe-FeB，熔点为 1170℃），它们分布在晶界上使塑性降低。

磷：严重地影响钢的冷变形能力，且随着含磷量的升高钢的冷变形能力减弱，即出现冷脆现象。当钢中的含磷量超过 0.1% 时，这种现象非常明显；当含磷量大于 0.3% 时，钢已完全脆化。磷对钢的热塑性影响不大，对碳钢来讲，当含磷量已达 1%～1.5% 时仍不降低其塑性，这是因为磷已溶于铁的固溶体中。

氢：钢中溶氢，会引起氢脆现象，使钢的塑性大大降低。氢在钢中的溶解度随温度降低而降低（图8-11）。当氢含量较高的钢锭经锻轧后较快冷却时，从固溶体析出的氢原子来不及向钢表面扩散，而集中在钢内缺陷处，如晶界、空隙等，易出现细小裂纹，即所谓白点。在钛合金中，可以将氢作为临时性合金元素，使材料变形时的塑性提高，称为氢致塑性。之后再将氢除去，除氢过程也可使晶粒得到细化，进一步提高钛合金的塑性。

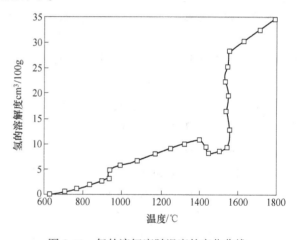

图 8-11　氢的溶解度随温度的变化曲线

氮：氮在钢中除少量固溶外，也以氮化物形式存在。根据氮的加入量不同可致钢的组织成分等亦不同，大致进行了以下分类，即氮质量分数大于 1% 的为超高氮钢，氮质量分数为 0.3%～0.5% 的为高氮钢，在此范围以下的为含氮钢。氮在不锈钢中的作用主要体现在对不锈钢基体组织、力学性能和耐蚀性三方面的影响。氮是一种强奥氏体稳定化元素，在不锈钢中可代替部分镍，降低钢中的铁素体含量，使奥氏体更稳定，防止有害金属间相的析出，甚至在冷加工条件下可避免出现马氏体转变；氮在显著提高不锈钢强度的同时并不降低材料的塑韧性；氮能提高不锈钢的抗蠕变、疲劳、磨损能力和屈服强度（图8-12）；氮作为改善耐蚀性的元素可在蚀孔内形成 NH_4^+，消除产生的 H^+，抑制 pH 值降低，从而能抑制点蚀的发生和蚀孔内金属的溶出速度，改善局部腐蚀性能（图8-13）。

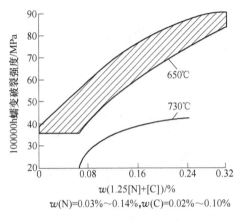

图 8-12 氮对蠕变抗力的影响图

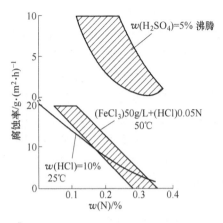

图 8-13 氮对腐蚀率的影响

稀土元素：稀土元素在铁、镍、铬和其他合金的溶解度不大，但这些少量的元素对钢和其他合金的性能却有很大的影响。例如，在 Ni-Cr-Mo 和 Ni-Cr-Mo-Cu 钢中加入稀土元素铈和镧会使其热塑性大大改善。一般认为，稀土元素可降低钢中的气体含量，从而可减轻氧、氢、氮等对钢塑性的不利影响；稀土元素可与有害杂质铅、锡、铋等形成高熔点化合物以抵消这些杂质的有害作用；在钢中加入稀土元素后，可使其含硫量降低，提高钢的塑性。然而，稀土元素的加入量应适当，加入过多或过少都起不到好的效果。稀土元素的熔点略低，如铈为 804℃，镧为 920℃，并在固溶体中的溶解很小。当加入量过多时，多余的稀土元素也会聚集在晶界处起到损害塑性的作用。

8.3.1.2　组织状态的影响

材料的组织状态与其化学成分有密切关系，但还和制造工艺（如冶炼、浇铸、锻轧、热处理）有关。有关组织状态的影响分别从下面几个方面进行说明。

A　宏观组织的影响

对于铸态金属（如钢锭）来说，其宏观组织可由三部分组成：表面层的细晶粒层、垂直于钢锭冷却表面的柱状晶和钢锭中心部分的粗大等轴晶。但对具有不同化学成分的铸态组织，其各部分的组成也有所不同。

有关宏观组织对材料塑性的影响可以大致概括为：铸态组织由于含有粗大结晶组织和组织结构的不均匀性，通常具有较低的塑性；相比较而言，经变形后的组织通常具有细晶组织，表现出更好的塑性。

B　基体结构的影响

基体是面心立方晶体，如 γ-Fe、Cu、Al、Pb、Au、Ag 等的塑性最好；基体是体心立方晶体，如 α-Fe、Cr、W、Mo、β-黄铜等的塑性居次；基体是密排六方晶格材料，如 Mg、Zn、Zr、Hf、α-Ti 等的塑性较差。这是由于密排六方晶格只有 3 个滑移系，而面心立方晶格和体心立方晶格各有 12 个滑移系；而面心立方晶格每一滑移面上的滑移系方向数比体心立方晶格每一滑移面上的滑移方向数多 1 个，故其塑性最好。

C　单相组织和多相组织的影响

合金元素除了以固溶形式存在于固溶体中外，在很多情况下使合金形成多相组织。单相固溶体比多相组织塑性好，例如护环钢 50Mn18Cr4 在高温冷却时，700℃左右会析出碳化物，成为多相组织，塑性降低。在 1050~1100℃固溶处理，然后用水和空气交替冷却，使之迅速通过碳化物的析出温度区间，最后单相固溶体的护环钢的伸长率高达 50%以上；而 45 号钢虽然合金元素含量少很多，但因是两相组织，伸长率仅为 16%，塑性比 50Mn18Cr4 低。

当组织为多相时，如果材料中各相的塑性接近时，则对塑性的影响不大；如果各相的性能差别较大，则使得材料变形不均匀，塑性降低；这时第二相的性质、形状、大小、数量和分布状态起着重要的作用。如果第二相为低熔点化合物且分布于晶界时，如 FeS 和 FeO 的共晶体，则是发生热脆的根源；如果第二相是硬而脆的化合物，则塑性变形主要在塑性好的基体相内进行，第二相对变形起阻碍作用，这时如果第二相呈网状分布在塑性相的晶界上，则塑性相被脆性相分割包围，其变形能力难以发挥，变形时易在晶界处产生应力集中，从而很快导致产生裂纹，使材料的塑性大大降低。脆性相数量越多，网的连续性越明显，材料的塑性就越差。如果硬而脆的第二相呈片层状分布于基体内部，则对材料的塑性影响最小，因为如此分布的脆性相，几乎不影响基体的连续性，它可以随基体的变形而"流动"。

D 晶粒尺寸的影响

材料的晶粒越细化，塑性越好。这是由于晶粒细化后，在同一体积内晶粒的数量越多，所以在一定变形条件下，变形分散于许多晶粒内进行，变形较为均匀。即在断裂前可以承受更大的变形量。

8.3.2 变形温度-速度对塑性的影响

变形温度-速度皆为决定材料塑性大小的重要因素。因在变形过程中金属的硬化和软化同时存在，所以在研究塑性时应综合考虑变形温度和变形速度的影响。但在分析此问题时，为突出其各自的作用，往往将此两因素予以分别讨论。

8.3.2.1 变形温度的影响

变形温度对金属塑性影响的总体趋势是：随着变形温度的升高，金属的塑性增加。这是由于：一方面，变形温度升高，使原子热运动的能量增加，可能出现新的滑移系统，并为扩散性质明显的塑性变形机制的协同作用创造条件。另一方面，变形温度升高有利于软化过程的发展，使变形材料得到软化的同时，也使在变形过程中所产生的缺陷得到恢复的可能性增加。

上述关于随着变形温度的升高金属塑性增大的现象，只是在一定条件下才是正确的。在变形过程中，随着温度的变化而产生的相态和晶粒边界的变化会对材料的塑性产生影响。材料的塑性与温度曲线中通常会包含几个脆性区，具体数目视具体的材料而定。图 8-14 示出了碳钢的塑性随着变形温度的变化，分别存在 4 个低塑性区（Ⅰ、Ⅱ、Ⅲ、Ⅳ）和 3 个高塑性区（1、2、3）。

Ⅰ区：金属的塑性极低，到-200℃时塑性几乎完全消失，这可能与原子热运动能力极低或与晶粒边界的某些组织组成物的脆化相关。例如，当磷和砷含量分别高于 0.08% 和 0.3%时，钢轨在-60~-40℃时会出现脆化现象。

Ⅱ区：位于 200~400℃的范围内，此区域为蓝脆区。这主要是由于应变时效的原因，

"柯氏气团"钉扎住位错，位错运动受阻，使得塑性降低。

Ⅲ区：$800 \sim 950℃$。此区域的出现与相变有关。在相变时由于铁素体和奥氏体的共存，使金属产生不均匀的变形，塑性降低。也有人认为，此区域的出现与硫的影响有关，并称此区域为红脆（热脆）区。红脆是各种化合物在晶界上的偏析所造成，如易熔化合物（氧化物、硫化物），易熔金属（铅、锡、锑），脆性化合物（碳化物、氮化物）等的偏析。对不同的材料而言，引起红脆的夹杂物临界量也是不同的。

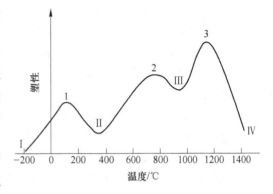

图 8-14 变形温度对碳钢塑性的影响的典型示意图
Ⅰ，Ⅱ，Ⅲ，Ⅳ—塑性降低区域（凹谷）；
1，2，3—塑性增高区域（凸峰）

Ⅳ区：由于此区的温度过高，使金属的温度接近熔化温度，可能产生过热或过烧的现象，使晶间强度减弱，塑性大为降低。

关于高塑性区的出现可以做如下的解释：

1 区：在 $100 \sim 200℃$ 的范围内，塑性逐渐增加与原子的热振动增加有关。

2 区：在 $700 \sim 800℃$ 的范围，由于扩散过程的发生，金属的塑性升高。

3 区：在 $950 \sim 1250℃$ 的范围，在此区域内金属具有均匀的奥氏体组织，产生充分的软化效应。

8.3.2.2 变形速度的影响

为了便于讨论变形速率对塑性的影响，先要讨论一下金属的热效应和温度效应。塑性变形时物体所吸收的能量，将转化为弹性变形位能和塑性变形热能。这种塑性变形过程中变形能转化为热能的现象，称为热效应。塑性变形热能 A_m 与变形体所吸收的总能 A 之比 η，称为排热率。

$$\eta = \frac{A_m}{A} \tag{8-8}$$

根据文献资料，在室温下塑性压缩的情况下，镁、铝、铜、铁等金属的 $\eta = 0.85 \sim 0.9$，其合金的 $\eta = 0.75 \sim 0.85$。

塑性变形热能的一部分散失于周围介质中，其他则将使变形温度升高。这种由于塑性变形过程中产生的热量而使变形体温度升高的现象，称为温度效应。温度效应首先取决于变形速率。变形速率越大，单位时间内变形量越大，所产生的热量就越多。温度效应还与变形温度有关。温度越高，因材料变形抗力降低，单位体积的变形能就越小，温度效应也相应降低。同时，变形程度越大，单位体积变形功也越大，温度效应越明显。此外，温度效应还与周围介质的温差及接触表面的导热情况有关。

变形速率对材料的塑性有重要的影响，但又十分复杂。随着变形速度的增大，有可能使金属的塑性降低或提高。对于不同的材料，在不同的变形温度下，变形速率的影响也不相同。一般而言，增加变形速率，由于没有足够时间进行回复和再结晶，软化过程不充分，材料的塑性降低；增加变形速率时，温度效应较为显著，使材料的温度升高，材料的塑性提高。这种现象在冷变形条件下比热变形时更为明显，这主要是由于冷变形时温度效应更强。

下面就在不同变形温度区间，变形温度和变形速度对材料塑性的综合影响予以讨论。

(1) 低温塑性变形（冷变形）。材料从低温至开始再结晶温度（对纯金属 $0.3T_M$ ~ $0.4T_M$，对合金为 $\geq 0.5T_M$，T_M 为熔点的绝对温度）条件下变形，当变形速率为 10^{-4} ~ $10^{-3}s^{-1}$ 时，滑移为其塑性变形机制。对许多体心立方材料来说，在此温度区域内存在脆性转变温度。降低变形温度和提高变形速度时，滑移系统的数目减少，使滑移的作用减小，孪生变形的作用增大，结果导致材料的塑性显著降低。六方晶格材料也有类似的现象。但对面心立方材料来讲，甚至在更低的温度下变形材料也不会变脆。

(2) 中温塑性变形（温变形）。中温变形温度区间的上限是开始再结晶温度。此时基本的塑性变形机制为晶内滑移。增加变形速度时，会使材料的温变形区间的上限温度显著升高。例如，当应变速率为 10^{-6} ~ $10^{-5}s^{-1}$ 时，钢在 500~600℃ 温度范围内出现明显的高温变形机制特征，而应变速率为 10^{-3} ~ $10^{-2}s^{-1}$ 时，此临界温度升至 1000℃。在温变形温度范围内，体心立方材料的塑性有明显的提高，但随变形速度增加而减小。

在温加工温度区间通常呈现形变时效，会引起材料的塑性下降。在钢中形变时效出现的温度为 400℃ 左右（蓝脆现象），在难熔金属中，特别是含量过多的氧、氮和碳时，也出现形变时效现象。金属塑性的降低主要与析出这些元素化合物的高弥散质点有关。

在温加工温度区间提高变形温度，对面心立体晶体（铜、镍、铝等），因其滑移系的数目变化较小，对材料的塑性影响不大。当变形速度升高时，塑性的降低也不明显。

(3) 高温塑性变形（热变形）。高温塑性变形机制主要包括扩散机制和晶间滑动机制等，一般出现在高于开始再结晶温度的 100~200℃。在此温度区间提高变形温度会使材料的塑性提高。然而，在温度为 $(0.5~0.8)$ T_M 时，可观察到由于晶间断裂而使塑性明显下降的现象。这种高于再结晶温度时所出现的塑性下降称为"红脆"。当变形速率由 $10^{-5}s^{-1}$ 提高到 $(10^{-1}~10^0)$ s^{-1} 时，抑制了"红脆"的出现。这是因为在低变形速率和处于红脆温度区间下，杂质原子在应力作用下的迁移加速，杂质沿晶界产生偏析，促使晶间断裂。

在温度为 $(0.6~0.85)$ T_M 时，塑性有最大值。超过此值后，由于过热所引起的晶粒长大，导致材料的塑性下降。再继续升温时，又由于过烧所引起的晶界熔化和氧化，会进一步降低材料的塑性。在此温度区间，当变形速率为 $(10^{-4}~10^{-3})$ s^{-1} 时，塑性与变形速度关系曲线也有最大值。当继续增加变形速率，由于扩散过程受到抑制，会引起材料塑性的下降。

在高塑性区 $(0.7~0.9)$ T_M 时，大多数钢与合金都呈现出高塑性；对于细晶材料，当变形速率由 $10^{-3}s^{-1}$ 提高到 $10^{-1}s^{-1}$，塑性下降。在大于 $0.9T_M$ 的温度区间，提高温度会引起过热和过烧，使材料的塑性急剧下降。

8.3.3 变形的力学条件对塑性的影响

8.3.3.1 应力状态的影响

应力状态是影响材料塑性的重要因素。按应力状态图的不同，可将其对金属塑性的影响顺序排列如下：三向压应力状态图最好，两向压一向拉次之，两向拉一向压更次，三向拉应力状态图最差。在实际的塑性加工中，即使应力状态图相同，材料塑性也可能不同。例如，金属的挤压、圆柱体在两平板间压缩和板材的轧制等，其基本的应力状态图皆为三向压应力状态图，但对塑性的影响程度却不完全一样，这主要是由于静水压力的差异所致。挤压时金属的三向压应力更强，静水压力大，变形材料所呈现的塑性更好。

　　例如，某牌号合金进行室温拉伸时，光滑试样在出现细颈前为单向拉应力状态，形成细颈后在细颈处产生很弱的三向拉应力状态，所产生的断裂为延性断裂，断面收缩率为82.5%；而对带有圆周切口的试样进行拉伸时，在切口处出现显著的三向拉应力状态，产生脆性断裂，断面收缩率仅为28.9%。当变形由拉伸过渡到镦粗时，塑性又有明显的变化。某锌试样在室温下进行冲击拉伸时，产生脆性断裂，断面收缩率为3.37%，开口镦粗至73.6%时出现延性断裂；当采用闭口镦粗（图8-15）时，至90%的变形才出现延性断裂。

　　德国的卡尔曼在20世纪初曾利用大理石和红砂石试验清楚地显示了应力状态对材料塑性的影响。他用圆柱形大理石和红砂石试样，置于特制装置（图8-16）中进行压缩。同时压入甘油对试样施加侧向压力。试验证明：当只有一个轴向压力时，试样表现为完全的脆性；在有侧向压力作用时，试样表现出一定的塑性；而且侧向压力越大，所需轴向压力也越大，塑性也越高。卡尔曼利用侧面压力使大理石得到8%~9%的压缩变形。之后，拉斯切加耶夫在更大的侧向压力下，得到25%的伸

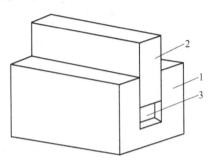

图8-15　闭口镦粗试验
1—凹模；2—凸模；3—试样

长率。在进行镦粗试验时，产生78%的压缩率时仍未破坏。

　　对金属和合金的试验也表现出同样的情况。例如通常的静力拉伸试验机是在大气压力下进行的，如果把试样放在高压室进行，则试样除受到轴向拉伸外，还受到周围高压介质的作用，即增加了静水压力，这时测得的塑性指标就大为提高。

　　静水压力增加材料塑性的原因可以解释如下：

　　（1）拉伸应力促进晶间变形，加速晶界破坏，压缩应力阻止或减少晶间变形，随着三向压缩作用的增强，晶间变形愈加困难，因而提高了材料的塑性。

　　（2）压力有利于消除晶体中由于塑性变形所引起的各种微观破坏。

　　（3）压力能完全或局部地修复变形物体内数量很小的宏观破坏或组织缺陷。

　　（4）压力能完全抵偿或者大大降低由于不均匀变形所引起的拉伸附加应力，从而削弱了拉应力的不良影响。

8.3.3.2　变形状态的影响

　　关于变形状态对塑性的影响，一般可用主变形图来说明。因为压缩变形有利于塑性的发挥，而拉伸变形有损于塑性，所以主变形图中压应力分量越多，对充分发挥金属的塑性越有利。按此原则可将主变形图对塑性的影响排列为：两向压一向拉的主变形最好，一向压一向拉次之，两向拉一向压的主变形图最差。

　　关于主变形图对金属塑性的影响可做如下的解释：在实际的变形物体内不可避免地或多或少存在着各种缺陷，如气孔、夹杂、缩孔、空洞等。如图8-17所示，这些缺陷在两向压一向拉的主变形条件下，可成为线形缺陷，使其危害减小。

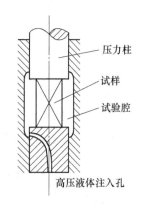

图 8-16　卡尔曼试验仪器的
工作部分示意图

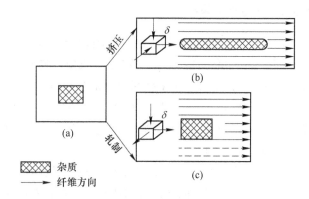

图 8-17　主应变图示对金属中缺陷的影响
（a）未变形情况；（b）经两向压一向拉变形后的情况；
（c）经一向压两向拉后的情况

由于主变形图会影响到变形物体内杂质的分布情况，所以在实际的塑性加工中往往会因加工方法的不同（主变形图的不同），而使变形金属产生各向异性。例如，在拉拔和挤压的变形过程中，因其主变形图为两向压一向拉，所以随着变形程度的增加，其内部的塑性夹杂（如 MnS）会被拉成条状或线状，脆性夹杂（如 Al_2O_3）会被破碎成链状，这时会引起横向的塑性指标下降。

综上所述，由三向压应力图和两向压一向拉的变形状态最有利于发挥金属塑性，比如挤压。

8.4　提高材料塑性的主要途径

为了适应生产中对材料塑性的要求，必须从影响材料塑性的主要因素出发，并结合生产实际综合考虑，以提高材料的塑性，主要途径包括以下几个方面：

（1）合理控制材料中合金元素的含量；

（2）尽量减少材料中杂质元素的含量；

（3）提高材料中成分和组织的均匀性；

（4）合理选择变形温度–速度制度；

（5）减少材料变形时的不均匀性；

（6）选用三向压应力较强的变形过程；

（7）对试样施加侧向压力。

8.5　材料的超塑性

材料的超塑性是指材料在特定条件下具有优异的塑性。目前在金属材料、金属基复合材料、金属间化合物、陶瓷材料和大块非晶材料中都发现了超塑性的存在，一些传统的脆性材料在一定的条件下也能获得良好的超塑性。

8.5.1　超塑性的类型

材料的超塑性主要分为组织超塑性和相变超塑性两类。

（1）组织超塑性。这种超塑性一般要求材料具有等轴、细小和稳定的组织，晶粒尺寸小于10μm，但是对于某些材料，晶粒尺寸达到几十微米时仍有良好的超塑性能。超塑变形温度一般不低于 $0.5T_m$（T_m 为材料熔点温度的热力学温度），应变速率范围为 10^{-4} ~ $10^{-2}s^{-1}$。还应指出，材料需在一定的区间内具有良好的热稳定性，即在超塑变形过程中组织不发生迅速的长大。

（2）相变超塑性。这类超塑性不要求材料具有等轴细晶组织，但在应力作用下材料可发生多次循环相变而获得大的伸长率。在试验时可加以很小的负荷，在材料的相变点上下改变变形温度，进行温度循环。

此外，还有一些普通材料在一定的条件下也能显示超塑性。如对碳素钢和低碳合金钢施加以一定的载荷，同时在相变温度上下多次循环加热和冷却可以得到高伸长率；对铝硅合金在溶解度曲线上下循环加热可以使其获得超塑性；球墨铸铁和灰铸铁经过特殊处理也可以得到超塑性；某些材料在大电流作用下发生"电致超塑性"等。

本节主要对组织超塑性的力学特征和变形机制进行阐述。

8.5.2　超塑性的力学特征

超塑材料的变形力学特点为高伸长率、无缩颈、低应力、易成形和高的应变速率敏感性指数。

（1）伸长率。超塑材料的特点之一是宏观均匀变形能力好，拉伸试验的伸长率可达百分之几百，甚至百分之几千。

（2）无缩颈。超塑性材料存在应变速率硬化效应，即颈缩部位由于应变速率高而出现强化，其余未强化的部分继续变形，使缩颈向外传播，因此可获得大的宏观变形。

（3）低应力。在超塑变形过程中，基本不发生应变硬化或应变硬化很微弱。超塑变形过程中的流动应力很低，仅为常规变形的几分之一，甚至几十分之一。

（4）良好的变形性与充填性。超塑性材料的流动性和充填性极佳，可用于进行多种形式的塑性成形，如体积成形、板材和管材的气压成形、无模成形等。

（5）高的应变速率敏感性指数。如图8-18（a）所示，超塑材料的流动应力对应变速率很敏感，用对数坐标表示的流动应力与应变速率的关系曲线呈"S"形。

在一般的塑性变形中，应力与应变的关系式可写成：

$$\sigma = K\varepsilon^n\dot{\varepsilon}^m \tag{8-9}$$

式中　σ ——真应力；

　　　K ——常数；

　　　ε ——真应变；

　　　$\dot{\varepsilon}$ ——应变速率；

　　　n ——应变硬化指数；

　　　m ——应变速率敏感性指数。

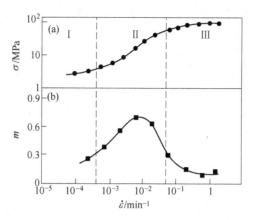

图 8-18 超塑性合金的应力 (a) 和应变速率敏感性指数 m 与
应变速率的关系曲线 (b)

在超塑变形时，由于基本不发生硬化，因此上式可简化为：

$$\sigma = K \dot{\varepsilon}^m \tag{8-10}$$

由此，应变速率敏感性可定义为：

$$m = \mathrm{d}ln\sigma / \mathrm{d}ln \dot{\varepsilon} \tag{8-11}$$

m 为图 8-18 (a) 中曲线上任意给定应变速率的斜率。图 8-18 (b) 示出 m 值随应变速率的变化情况。

根据应变速率敏感性指数的高低，可将流变应力-应变速率曲线划分为三个区域：低应变速率区（Ⅰ区）、超塑性区（Ⅱ）和高应变速率区（Ⅲ区）。各区的主要特征为：(1) Ⅱ区内应力随应变速率变化得剧烈，m 值最高，一般大于 0.3，在该应变速率敏感区内发生超塑性；(2) Ⅰ区和Ⅲ区应力随应变速率变化缓慢，类似于普通的塑性变形；(3) Ⅰ区为扩散蠕变，变形机理为位错滑移和原子扩散；Ⅱ区为超塑性变形，变形机理主要为晶界滑动；Ⅲ区为幂律蠕变，变形机理为晶内滑移。

在超塑变形过程中，流变应力对温度十分敏感，如图 8-19 所示。当温度提高时，流变应力普遍下降，但在高应变速率时的变化不如低应变速率时显著。m 值的峰值升高，并

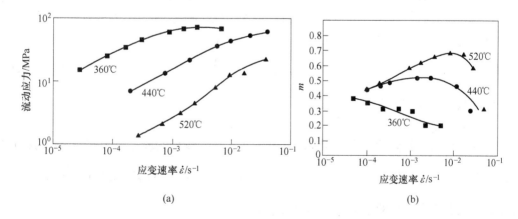

(a)　　　　　　　　　　　　　　(b)

图 8-19　不同温度条件下流变应力 (a) 和 m 值随应变速率的变化关系 (b)

移向高应变速率区。在最大应变速率和最小应变速率两端，m 值对温度的敏感性较差。

晶粒尺寸对流变应力及 m 值也有显著的影响，如图 8-20 所示。晶粒尺寸减小时，在所有的应变速率下，材料的流动应力都下降，在低应变速率时下降得更为显著。m 最大值增加，其峰值向高应变速率方向移动。

应变速率敏感性指数 m 是超塑材料的重要参数，它可表征材料抵抗颈缩的能力。其物理意义为：在超塑变形过程中，如试样的某一部分产生颈缩时，由于应力具有高的应变速率敏感性，则继续变形需要更高的应力。

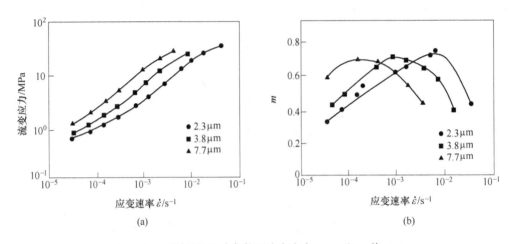

图 8-20　不同晶粒尺寸条件下流变应力（a）和 m 值（b）
随应变速率的变化关系

8.5.3　变形激活能（Q）

材料发生塑性变形是一个热激活的过程，在此过程中原子发生剧烈的热运动，这就需要原子跨越一个能量"门槛值"而需要的能量就称为变形激活能（主要指热变形激活能）。

变形激活能反映材料热变形的难易程度，也是材料在热变形过程中重要的力学性能参数。通过对激活能值的分析可以判断变形机制，激活能控制塑性变形速率、动态回复和动态再结晶。激活能 Q 越大，变形速率越小，材料越难变形，高温塑性变形的显著特点就是变形速度受热激活过程控制，即遵从 Arrhenius 方程：

$$\dot{\varepsilon} = \dot{\varepsilon}_0 \exp\left(-\frac{Q}{RT}\right) \tag{8-12}$$

确定激活能有下列三种方法：

（1）等温法

将多个样品在相同的应力和不同的温度条件下进行蠕变实验，测量蠕变曲线 $\varepsilon(t)$ 在（亚）稳态阶段的斜率，表示成 $\log\varepsilon$ 和 $\frac{1}{T}$ 的函数关系形式，并将结果表示在 $\log\varepsilon - \frac{1}{T}$ 坐标上，和实验吻合最好的直线的斜率即为 Q 值。

（2）时间补偿法

在蠕变准稳态阶段有：

$$\dot{\varepsilon} = \int_0^t \dot{\varepsilon}\,\mathrm{d}t = \dot{\varepsilon}_0 \int_0^t \exp\left(-\frac{Q}{RT}\right)\mathrm{d}t = \dot{\varepsilon}_0 t\exp\left(-\frac{Q}{RT}\right) = f(\theta) \tag{8-13}$$

式中，$\theta = t\exp\left(-\dfrac{Q}{RT}\right)$。可见若将 $\dot{\varepsilon}$ 表示为补偿时间 θ 的函数，则不同温度和相同应变条件下得到的蠕变曲线相互重合，以此来求 Q 值。也可将不同温度下达到给定变形 ε 所需时间的对数表示成 $\dfrac{1}{T}$ 的函数，所得直线的斜率即 Q 值。

（3）变温法

在恒应力作用下，在同一样品上施以极快的温度跳跃。测出 T_1 时的蠕变速率 $\dot{\varepsilon}_1$，T_2 时的蠕变速率 $\dot{\varepsilon}_2$，根据下式可以得出 Q 值。

$$Q = R\frac{\log\left(\dfrac{\varepsilon_2}{\varepsilon_1}\right)}{\dfrac{1}{T_2} - \dfrac{1}{T_1}} \tag{8-14}$$

该方法的优越性在于如果温度跳跃速度足够快，则可以保证样品的组织不变，故测量的是恒组织和恒应力下的激活能。但是由于试验设备的热滞性，实际上很难实现快速温度跳跃，只有系统在新的温度下重新达到平衡，才能测量出有意义的 $\dot{\varepsilon}$ 值，而这时样品的组织亦可能变化到新的平衡。

例 8-1 请简述采用等温变形实验测定超塑性变形激活能 Q 的方法。

答： 金属材料高温变形是一个热激活过程，变形温度、应变速率对流动应力的影响可由下式表示：

$$\sigma = K\varepsilon^n \dot{\varepsilon}^m \exp\left(\frac{Q}{RT}\right)$$

式中　σ——应力；

　　　K——常数；

　　　ε——应变；

　　　$\dot{\varepsilon}$——应变速率；

　　　n——硬化指数；

　　　m——应变速率敏感性指数；

　　　R——气体常数，取值 8.314J/(mol·K)；

　　　T——变形温度；

　　　Q——变形过程激活能。

当材料在超塑性状态下，可以认为 $n \approx 0$，则上式表示为：

$$\sigma = K\dot{\varepsilon}^m \exp\left(\frac{Q}{RT}\right)$$

或

$$\dot{\varepsilon} = K_1 \sigma^{\frac{1}{m}} \exp\left(-\frac{Q}{RT}\right)$$

对上式两边取对数，则：

$$\lg \dot{\varepsilon} = \lg K_1 + \frac{1}{m}\lg\sigma - \frac{Q}{RT}\lg e$$

因为拉伸时，如夹头速度 v 保持不变，试样长度 l 较长，则可视 $\dot{\varepsilon} = v/l$ 为常数，则：

$$\frac{1}{m}\lg\sigma = \frac{Q}{RT}\lg e + 常数$$

所以，在某一温度 T 及某一应变速率 $\dot{\varepsilon}$ 下拉伸，测得 σ，再以速度突变法测得 m 值。这样即可获得 $\frac{1}{T} - \frac{1}{m}\lg\sigma$ 坐标上的一个点，再在另一温度和同一应变速率下测得另一个 σ 值。如此反复进行，就可得到如图 8-21 所示的散点。然后用线性回归法绘成一直线，直线的斜率就是 $\frac{Q}{R}\lg e$，从中就可以求得 Q 值。

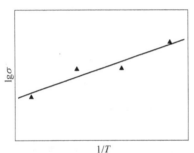

图 8-21　基于单道次压缩实验数据拟合的 $\lg\sigma - \dfrac{1}{T}$ 曲线

测定变形过程的激活能 Q，可以推断变形机理。如测得某种材料的激活能与此材料的晶界扩散激活能相近，则可推断变形是以晶界滑动为主；反之，如测得的激活能与此材料的晶内激活能相近，则可推断变形是以晶内变形为主。

8.5.4　超塑变形过程中的组织演变

大量的实验表明，在超塑变形中，晶粒可保持其原始状态的等轴性，一般在变形后晶粒尺寸有所长大。也有一些研究在超塑变形前采用非等轴的材料，在变形过程中使非等轴材料发生向等轴材料的转变，这些材料也能获得良好的超塑性。

在超塑变形过程中，会出现晶粒的换位、转动和界面的滑动。由于界面的滑动，会出现晶界皱褶带。

许多超塑性材料是双相合金。两相的存在可抑制变形过程中的晶粒长大，从而使材料具有良好的超塑性能。在双相合金中，两相的比例对材料的超塑性有显著的影响。有研究认为当两相的比例在 50∶50 时，材料能获得最佳的超塑性。但也有研究表明，当两相的性质差别较大时，软相有较高的比例更有利于材料超塑性的发挥。

对于某些铜合金、铝合金，在超塑拉伸中会形成空洞。随着应变速率的增加，空洞的数量和尺寸增加。一般认为，超塑变形中的空洞是由界面滑动引起的。空洞形核后会长大、连接，导致材料的最终断裂。

8.5.5　超塑变形机理

在超塑性的机理研究方面已有很多工作，普遍被接受的理论是界面滑动为主要的变形机制，因界面滑动带来的应力集中将由晶内滑移和扩散蠕变协调。在超塑变形过程中，还会发生晶粒的转动和界面迁移。迄今为止，主要的超塑变形机理有以下几种。

（1）伴随扩散蠕变的晶界滑动机理。Ashby-Verrall 提出了晶粒滑动模型，如图 8-22 所示。4 个二维六方晶粒在拉伸应力的作用下，由初始态过渡到中间状态，最后达到最终状态。在此过程中，晶粒之间的相邻关系与晶界取向均发生了变化，但晶粒仍然保持其等轴性。从初始状态到终态，发生了由晶内和晶界扩散流动所控制的晶界滑动和晶界迁移。这个模型比较成功地解释了超塑变形时晶粒的等轴性，但是只是二维模型，扩散路径的合理性也有待商榷。

（2）伴随位错蠕变的晶界滑动机理。在由位错运动调节晶界滑动的模型中，比较著名的是 Ball-Hutchison 模型，如图 8-23 所示。该模型将几个晶粒作为一种组态考虑。在一组滑动晶粒的顶端存在一个晶粒，该晶粒对界面滑动起着阻碍的作用，因此会引起应力集中，并在此阻碍晶粒内部产生位错源。位

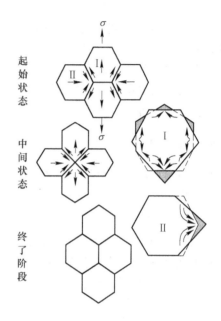

图 8-22　Ashby-Verrall 晶粒换位机制示意图

错源发射的位错在障碍晶粒内运动并在对面的晶界塞积。当塞积的位错达到一定程度，会阻止新位错的产生，此时晶界滑动就会停止。如果塞积群中的领先位错沿晶界攀移到晶界相消点（如三叉晶界处），塞积群的内应力就会得到松弛，晶粒位错源又会发射新的位错，使位错群再移动一小段距离。因此，此种晶界滑动机制所产生的应变速率由位错攀移速率所控制。

Mukherjee 提出了以单个晶粒为单位，由位错运动调节的晶界滑动模型，如图 8-24 所示。在晶界上存在"坎"，对晶界的滑动产生一定的阻碍。这样的"坎"在应力集中时可以发射位错，所以晶界是位错源。

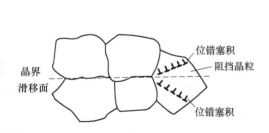

图 8-23　Ball-Hutchison 模型

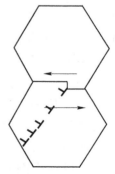

图 8-24　Mukherjee 模型

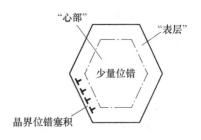

图 8-25 "心部-表层"模型

（3）"心部-表层"机理。Gifkins 用"心部-表层"机理解释超塑变形时的界面滑动，如图 8-25 所示。他将变形中的晶粒分为心部和表层两个部分，认为晶粒的心部不参与变形，仅其表层参与塑性流动。这个模型也是二维的。该模型能很好地解释（准）单相合金超塑变形过程。

从定性的意义上讲，超塑变形过程中起主导作用的是晶界行为，即界面滑动。为了保持材料的连续性，需要对由晶面滑动产生的应力集中进行调节。这些调节机制有扩散蠕变、位错滑移、界面迁移和晶粒转动等，扩散和位错运动也可以作为调节机制同时发生。

8.5.6 超塑性的应用

利用材料的超塑性对其进行成形已得到了广泛的应用。下面介绍超塑性加工应用方面的典型实例。

8.5.6.1 无模拉拔

在无模拉拔中，利用超塑材料对温度和变形速率的敏感性，用一感应线圈控制加热温度，对工件进行局部加热，同时对拉拔速度进行控制（图 8-26）。在拉拔过程中可以利用不同形状的感应线圈，通过控制感应热的大小或断续，制备不同断面的管材、棒材和型材。

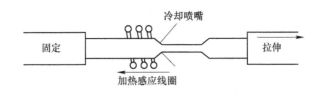

图 8-26 无模拉拔超塑性材料示意图

8.5.6.2 超塑胀形

超塑胀形可用来成形多种形状复杂、质轻、结构强度高的薄板类制件。利用超塑胀形技术制造航空结构件，可使工序大大减少，获得结构复杂、近无加工余量的制件。超塑胀形的基本原理为：将加热至超塑温度的板料压紧在模具上，在其一侧形成封闭的空间，在气体压力下使板料产生超塑性变形，并使其逐步贴合在模具型腔表面，形成与模具型腔面相同的零件。超塑胀形原理如图 8-27 所示。

8.5.6.3 超塑成形/扩散连接

材料在超塑状态下变形抗力很低，同时在超塑变形温度下，原子和空位活动活跃，对材料的扩散连接非常有利。将超塑成形技术与扩散连接技术相结合成为 SPF/DB（Superplastic forming/diffusion bonding）组合技术，可以在一次加热、加压过程中完成超塑成形和扩散连接两道工序，集超塑成形和扩散连接的特点于一身。采用超塑成形/扩散连接方法可以生产复杂的整体结构零件，将多个零部件组合成几个部件，可减轻构件重量，并节

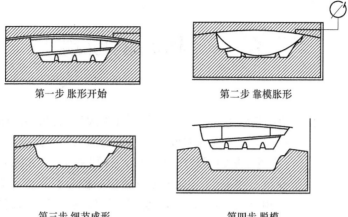

第一步 胀形开始 　　　　　第二步 靠模胀形

第三步 细节成形 　　　　　第四步 脱模

图 8-27 　超塑胀形工艺原理图

约成本。超塑成形/扩散连接在航空航天领域得到了广泛的应用。

习题与思考题

8-1 最常用的表示金属塑性变形性能的主要指标有哪些？各代表什么含义？

8-2 常见的金属塑性的测定方法有哪几种？

8-3 影响塑性的主要因素包括哪些？

8-4 简述变形温度对碳钢塑性的影响规律。

8-5 为什么静水压力越大，金属的塑性就越高？并列举实例加以说明。

8-6 说明应变速率敏感性指数 m 的意义。应变速率对 m 值有何影响？

8-7 什么是超塑性？列举超塑性加工应用方面的典型实例。

8-8 试分析"S"曲线各个区域的主要变形机制。

8-9 举例说明采用等温变形实验测定超塑性合金变形激活能 Q 的方法。

8-10 说明超塑性变形的几种主要机理，并分析异同点。

9 材料的断裂

断裂是材料和构件主要的失效方式之一，其危害性很大。工程断裂事故的出现使人们对材料的断裂问题十分重视，促使研究者对断裂问题进行深入的研究。

早在 20 世纪初，材料的脆性断裂问题已经引起人们的注意。Griffith 提出了著名的断裂理论，为材料断裂的研究奠定了基础。Griffith 所使用的能量分析方法在后来得到了进一步的发展和应用。20 世纪 50 年代末，对均匀拉伸时无限宽板中裂纹附近的应力、应变和位移的分布进行了数学力学解析，获得了精确解，为断裂力学的发展奠定了基础。随着扫描电镜在断口分析中的应用以及位错概念的引入，使人们对断裂机理有了更为深入的认识。

9.1 断 裂 类 型

按不同的分类基准，可将断裂类型分为：

（1）脆性断裂和韧性断裂。根据材料断裂前塑性变形的程度可将断裂分为韧性断裂和脆性断裂。

韧性断裂是指材料经明显的变形后发生的断裂。这种断裂是一种缓慢的过程，在裂纹的扩展中要不断地消耗能量。在工程应用中，这种断裂的危害不大。但是研究材料的韧性断裂对于正确制定材料加工过程中的工艺参数十分重要。

脆性断裂是突然发生的断裂，断裂前材料基本不发生塑性变形，在工程中危害很大。发生脆性断裂时，材料的塑性变形能力很低，裂纹尖端的应力集中不能因塑性变形而松弛。

一般地，脆性断裂前也会发生微量的塑性变形。通常规定光滑拉伸试样的断面收缩率小于 5% 时发生的断裂为脆性断裂；而当断面收缩率大于 5% 时，该类材料的断裂称为韧性断裂。由于材料的韧性与脆性是根据一定条件下的塑性变形量来规定的，当条件改变时，材料的断裂类型也会发生改变。

（2）穿晶断裂和沿晶断裂。多晶体断裂时，根据裂纹扩展的路径可以将断裂分为穿晶断裂和沿晶断裂。穿晶断裂的裂纹穿过晶内，沿晶断裂的裂纹沿晶界扩展，如图 9-1 所示。穿晶断裂可以是韧性断裂，也可以是脆性断裂。沿晶断裂大多数为脆性断裂。材料发生沿晶断裂的原因一般是晶界被弱化，如脆性的碳化物、杂质元素硫、磷等向晶界偏聚都可以引起晶界弱化。

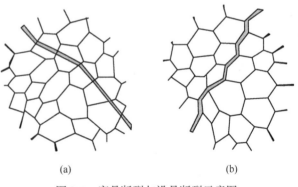

(a)   (b)

图 9-1 穿晶断裂与沿晶断裂示意图

（a）穿晶断裂；（b）沿晶断裂

（3）解理断裂和剪切断裂。按照断裂过程的晶体学特征可以将材料的断裂分为解理断裂和纯剪切断裂。

解理断裂是在一定条件下，当外加正应力达到一定值时，材料以极快的速率沿一定的晶体学平面产生的穿晶断裂。因这种断裂方式与大理石的断裂相类似，因此将其称为解理断裂。产生断裂的晶体学平面称为解理面，一般是低指数晶面或表面能量最低的平面。通常解理断裂是脆性断裂，但是有时在发生解理断裂前也会发生一定程度的塑性变形。图9-2 示出了解理断裂机制和解理断口形貌。

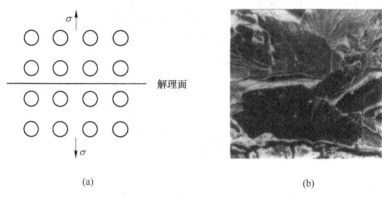

(a)   (b)

图 9-2 解理断裂机制及多晶体解理裂纹的示意图
（a）解理断裂机制；（b）解理断口形貌

剪切断裂是指在切应力的作用下，材料沿滑移面分离而造成的断裂，其中又可分为纯剪切断裂和微孔聚集型断裂。纯剪切断裂是纯粹由滑移流变造成的断裂（图9-3）。微孔聚集型断裂是通过微孔形核长大聚合而导致材料发生分离。在变形过程中，材料中的微孔发生长大和连接，最终导致断裂。这种断裂有两种形式：（1）沿晶界微孔聚合，发生沿晶断裂（图9-4（a））；（2）在晶内微孔聚合，发生穿晶断裂（图9-4(b)）。常用金属材料的断裂大部分属于这种类型。

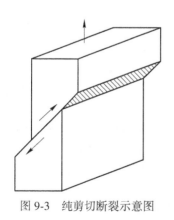

图 9-3 纯剪切断裂示意图

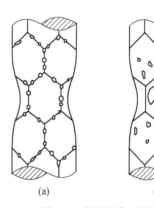

(a)   (b)

图 9-4 微孔聚集型断裂
（a）沿晶界微孔聚合；（b）在晶内微孔聚合

（4）正断和切断。按照断裂面的取向可以将断裂分为正断和切断，如图9-5所示。正断型断裂的断口与最大正应力相垂直，常见于解理断裂；切断型断裂的宏观断口的取向与最大切应力方向平行，而与主应力方向呈45°角。

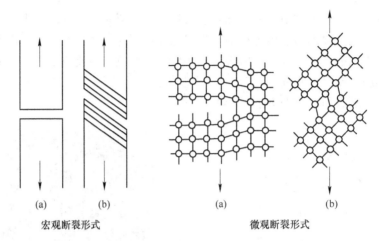

宏观断裂形式　　　　　　　　微观断裂形式

图9-5　正断与剪断示意图

（a）正断；（b）切断

9.2　脆　性　断　裂

9.2.1　理论断裂强度

在讨论材料的断裂强度问题时，首先讨论材料在理论上可以达到的强度。完整晶体在正应力作用下沿某一个垂直于应力轴的原子面拉断时的应力称为理论断裂强度。晶体的理论断裂强度与材料的弹性模量有关。弹性模量表示原子间结合力的大小，其物理意义是晶体产生一定量的变形时所需要应力的大小。

假设一完整晶体受到拉应力作用，原子间结合力与原子间位移的关系曲线如图9-6所示。曲线上的最大值即晶体在弹性状态下的最大结合力——理论断裂强度。作为一级近似，该曲线可用正弦曲线表示

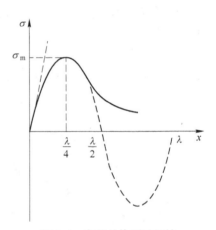

图9-6　完整晶体原子间结合力与位移间的关系

$$\sigma = \sigma_m \sin \frac{2\pi x}{\lambda} \qquad (9-1)$$

式中　　σ_m——将原子拉开所需的最大应力，即理论断裂强度；

　　　　λ——正弦曲线的波长；

　　　　x——原子间位移。

当位移很小时，$\sin \dfrac{2\pi x}{\lambda} \approx \dfrac{2\pi x}{\lambda}$，

则

$$\sigma = \sigma_{\mathrm{m}} \frac{2\pi x}{\lambda} \tag{9-2}$$

外力抵抗原子间结合力所做的功

$$\int_0^{\frac{\lambda}{2}} \sigma_{\mathrm{m}} \sin \frac{2\pi x}{\lambda} \mathrm{d}x = \frac{\lambda \sigma_{\mathrm{m}}}{\pi}$$

断裂后产生两个新的表面，晶体脆性断裂时所消耗的功应等于两个新表面的表面能，即

$$\frac{\lambda \sigma_{\mathrm{m}}}{\pi} = 2\gamma , \quad \lambda = \frac{2\gamma \pi}{\sigma_{\mathrm{m}}} \tag{9-3}$$

式中 γ——断裂面表面能。

考虑材料的变形很小，应用虎克定律

$$\sigma = E\varepsilon = E \frac{x}{a} \tag{9-4}$$

式中 a——原子间的平衡距离。

分别将式（9-2）和式（9-4）对 x 求导，可得

$$\frac{2\pi \sigma_{\mathrm{m}}}{\lambda} = \frac{E}{a}$$

再由式（9-3），可得

$$\sigma_{\mathrm{m}} = \left(\frac{E\gamma}{a} \right)^{\frac{1}{2}} \tag{9-5}$$

式（9-5）为理论断裂强度与弹性模量、断裂面表面能之间的关系。

以 α-Fe 为例，$E \approx 200\mathrm{GPa}$，$a \approx 2.5 \times 10^{-10}\mathrm{m}$，$\gamma \approx 2.0\ \mathrm{J/m^2}$，将 E、a 和 γ 值代入式（9-5），得到理论断裂强度 $\sigma_{\mathrm{m}} \approx 40\mathrm{GPa} \approx \dfrac{E}{5}$，而纯铁的抗拉强度只有 250MPa 左右，仅为理论断裂强度的 1/160。理论断裂强度一般为实际金属强度的 10~1000 倍。一些金属晶体的强度接近理论强度。目前强度最高的金属材料为冷拉钢丝，其强度约为 4000MPa，约为理论断裂强度的 1/3。

9.2.2 Griffith 脆性断裂理论

为了解释材料的理论强度和实际强度的差别，Griffith 早期对玻璃的断裂提出了脆断的理论，目前关于脆断的理论大多是在其理论基础上进一步发展的。Griffith 提出，材料中本来就存在小的裂纹。由于裂纹处有足够大的应力集中，当外加平均应力并不很大时，在局部应力集中处即可达到临界应力而造成材料的断裂。

设想有一单位厚度的薄板，中间有长度为 $2c$ 的穿透裂纹。对它施加一拉应力 σ，如图 9-7 所示。当裂纹扩展时，一方面因弹性能释放使系统能量降低，另一方面产生新的表面使能量升高。

在应力作用下薄板的弹性能密度为 $\dfrac{1}{2}\sigma\varepsilon$，单位厚度薄板形成长度为 $2c$ 的裂纹所松弛的弹性能可以近似地看成直径为 $2c$ 的区域所释放的能量，松弛的体积为 πc^2。则弹性能的改变量为

$$U_{\mathrm{E}} = \frac{\pi c^2 \sigma^2}{E}$$

裂纹形成时产生新表面需做表面功，设裂纹的表面能为 γ ，则表面功为

$$U_S = 4c\gamma$$

总能量的变化为

$$U_E + U_S = -\frac{\pi c^2 \sigma^2}{E} + 4c\gamma$$

各项能量的变化与裂纹长度的关系如图 9-8 所示。

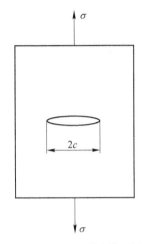

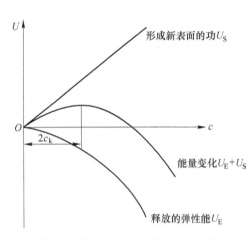

图 9-7　Griffith 裂纹模型图　　　　　　图 9-8　裂纹生长时能量变化示意图

在恒定应力 σ 的作用下，当裂纹扩展所释放的能量不足以抵偿新表面形成所需的表面能时，裂纹不能扩展。当裂纹长度达到一定值，裂纹尖端区域的弹性应变能的释放等于或超过产生裂纹新表面所需的表面能时，就会导致裂纹扩展，发生脆性断裂，即

$$\frac{\partial(\Delta U)}{\partial(2c)} = \frac{\partial}{\partial(2c)}(U_E + U_S) = 0$$

$$\frac{\partial(\Delta U)}{\partial(2c)} = \frac{\partial}{\partial(2c)}\left(4c\gamma - \frac{\pi c^2}{E}\sigma^2\right) = 0$$

$$\sigma_c = \left(\frac{2E\gamma}{\pi c}\right)^{\frac{1}{2}} \quad 或 \quad c_k = \frac{2E\gamma}{\pi\sigma^2}$$

式中　　σ_c ——裂纹扩展临界应力；

　　　　c_k ——临界裂纹半长。

裂纹失稳扩展的临界应力为

$$\sigma_c = \left(\frac{2E\gamma}{\pi c}\right)^{\frac{1}{2}} \approx \left(\frac{E\gamma}{c}\right)^{\frac{1}{2}} \tag{9-6}$$

上式称为 Griffith 公式，该式可说明为什么材料的实际断裂强度远低于理论断裂强度。比较式（9-5）和式（9-6），可以求出理论断裂强度和实际断裂强度之间的关系，即

$$\frac{\sigma_m}{\sigma_c} = \left(\frac{c}{a}\right)^{\frac{1}{2}} \tag{9-7}$$

c 和 a 的数量级分别为 10^{-4}cm 和 10^{-8}cm，因此，由 Griffith 理论公式计算的材料的断

裂强度约为理论断裂强度的 1/100。

由于 Griffith 理论中并未考虑塑性变形对裂纹扩展的作用，因此需要做适当的修正和补充。根据实际材料断裂时或多或少有塑性变形的情况，Orowan 指出裂纹尖端由于存在应力集中，使尖端附近局部区域内发生塑性变形，塑性变形所消耗的能量成为裂纹扩展多消耗的一部分。Orowan 对 Griffith 理论公式做了如下的修正：

$$\sigma_c = \left[\frac{2E(\gamma + p)}{\pi c} \right]^{\frac{1}{2}} \tag{9-8}$$

式中 p ——断口表面附近的塑性应变能。

对金属材料而言，塑性应变能比表面能大得多，因此一般金属材料的断裂强度均较高。修正后的计算结果与实际测量结果更为相近。

例 9-1 试分别说明下面两种现象的原因：

（1）在真空中拉拔细玻璃丝（0.5mm），其断裂强度为 1600~6300MPa。但将其在空气中静置几小时后再拉伸，其强度降至 140~350MPa。

（2）某材料的丝材直径为 0.02mm 时，断裂强度为 700MPa；当直径降至 0.005mm 时，断裂强度增至 2800MPa，而当丝材的直径达到 1μm 时，可达到理论断裂强度。

解：

（1）在真空中拉拔时，裂纹的尺寸较小，因此材料的断裂强度较高。在空气中静置后，受到空气的腐蚀，表面形成裂纹，使拉伸时的断裂强度降低。

（2）试样的尺寸越小，试样内存在达到临界尺寸的裂纹的几率越小。因此，材料的断裂强度越高。当试样尺寸达到微米级时，可以看作是理想晶体，因此可达到理论断裂强度。

9.3 韧 性 断 裂

多晶体材料在拉应力作用下发生韧性断裂时，当加工硬化引起的强度增加不足以补偿承载截面的缩小时，试样上会出现"颈缩"，由均匀变形转变为集中变形（图 9-9）。此时试样的应力状态由单向拉应力转变为三向拉应力，且中心轴处应力最大。因此，首先在这部分的中心产生空洞。这些空洞逐步长大，并与周围的空洞相连接，形成中心裂纹。在中心裂纹扩大之后，在其周围又出现许多小的空洞。随着中心裂纹的扩展，裂纹前端与裂纹约成 45°方向发生强烈的切变形，促使裂纹进一步沿此方向发

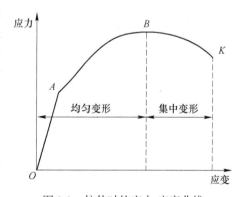

图 9-9 拉伸时的应力-应变曲线

展。当裂纹传播到表面处，就沿与拉力轴大约成 45°角的方向断开，形成"杯锥"型断口（图 9-10）。

由于裂纹的空洞连接机制，韧性断裂的断口在扫描电镜下呈现"韧窝"（图 9-11）。韧性断裂时空洞的形成一般与存在第二相粒子相关。韧窝的大小、分布取决于第二相颗粒

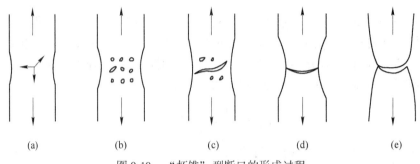

(a)   (b)   (c)   (d)   (e)

图 9-10   "杯锥"型断口的形成过程

的性质、大小、数量、分布以及基体材料塑性
和变形的特点。

　　因为空洞是随机出现的，韧窝一般具有不
规则的形状。根据韧窝的表观形貌可以分成三
种：等轴韧窝、抛物线韧窝和撕裂韧窝。如果
正应力垂直于微孔的平面，使微孔在垂直于正
应力的平面上各个方向长大倾向相同，则形成
等轴韧窝（图 9-12（a））。在双向不等拉伸或
扭转载荷条件下，已存在切应力作用会形成拉
长韧窝。两个断裂面上的韧窝方向相反（图
9-12（b））。如在微孔周围的应力状态为拉弯联

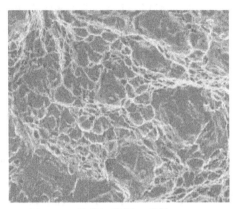

图 9-11   低碳钢的断口形貌（SEM）

合作用，微孔在拉长、长大的同时还要发生弯
曲，在两个断裂面上形成方向相同的撕裂韧窝。图 9-12（c）为由撕裂应力所形成的韧
窝，也呈抛物线状，但是韧窝拉长方向是一致的。

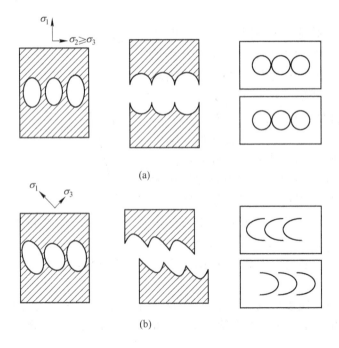

(a)

(b)

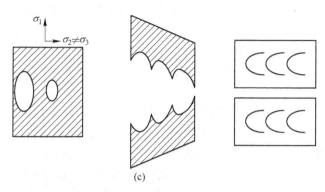

图 9-12 三种应力状态对微孔影响的示意图

（a）等轴韧窝；（b）抛物线韧窝；（c）撕裂韧窝

综上所述，韧性断裂有以下几个特点：韧性断裂之前已发生了较大的塑性变形；断裂时要消耗较多的能量，因此是一种高能量的吸收过程；在小裂纹不断扩大和聚合的过程中，又有新裂纹不断产生，表现为多裂纹源；韧性断裂的裂纹扩展的临界应力大于裂纹形核的临界应力，因此是一个缓慢的过程。

9.4 微裂纹形核的位错模型

引起断裂的大部分裂纹并非最初就存在于材料中，而是在变形过程中产生的。当然，并不排除材料在变形前存在裂纹的可能性。

材料中裂纹的萌生一般与位错机制有关，主要有以下几种位错模型。

（1）位错塞积理论。如图 9-13（a）所示，在外力作用下，在滑移面上由位错源产生许多位错。这些位错在滑移面上运动。如果在障碍物（如晶界）前受阻，则会发生位错塞积现象。同号位错的塞积造成很大的应力集中，促进裂纹形核。

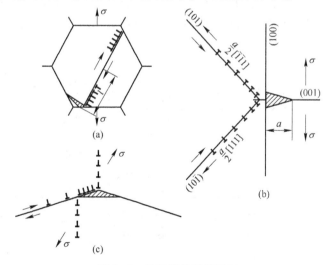

图 9-13 几种裂纹形核机制

（a）位错塞积；（b）位错反应；（c）位错墙侧移

（2）位错反应理论。如图9-13（b）所示，相交的滑移带会造成裂纹的形核。在体心立方晶体中，两滑移面上的位错发生位错反应，形成不易滑移的位错，从而构成裂纹的胚芽。如在体心立方晶体中，位错反应为：

$$\frac{1}{2}[\bar{1}\,\bar{1}1] + \frac{1}{2}[111] \rightarrow [001]$$

由于合成的新位错比反应前的两位错有更低的能量，故反应是自发形成的。生成的新位错的柏氏矢量 a[001] 与（001）面垂直，由于（001）面不是体心立方晶体的滑移面，故 a[001] 为不可动位错。随着位错反应的不断进行，许多这种位错合并，就会形成裂纹的胚芽。在体心立方金属中，由于以此方式形成裂纹所需的功较小，所以很容易发生。

（3）位错墙侧移理论。如图9-13（c）所示，刃型位错墙的一部分侧移，引起滑移面弯折而使裂纹形核。这可以解释六方晶格金属中所观测到的裂纹。

（4）位错销毁理论。如图9-14（a）所示，在两个滑移面上有不同号的位错，在外力作用下发生相对的移动。当两个滑移面间距较小时，它们接近后会彼此合并而销毁（图9-14（b）、（c）），在中心部位形成空隙。随着位错销毁过程的进行，空隙逐渐扩大，形成如图9-14（d）所示的断裂源。

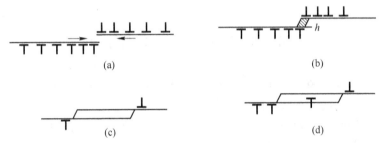

图9-14　由异号刃型位错群销毁而形成裂口胚芽的示意图

此外，材料中存在第二相时，裂纹容易形成。如果基体塑性较好，而第二相是脆性相，第二相不能承受与基体同样的大变形，因此可能在变形初期发生破坏。如果基体与第二相粒子之间的界面结合较弱，界面间的破坏也会发生。在这两种情况下，都会形成微孔洞，如图9-15所示。

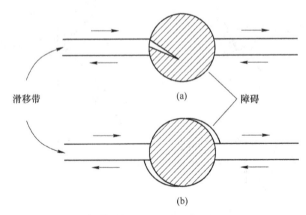

图9-15　存在第二相时的裂纹形成示意图

（a）第二相发生破坏；（b）基体与第二相之间的界面破坏

9.5 影响断裂类型的因素

材料的断裂行为与许多因素有关。除了材料本身的组织结构（如成分、显微组织和杂质分布等）以外，还与材料的受力情况、温度、变形速率及环境介质有关。在一定的条件下，材料会发生由韧性断裂向脆性断裂的转变。

材料的韧脆转变行为在工程上具有极为重要的意义。一般地，随着温度的降低，材料的断裂从韧性断裂转变为脆性断裂。从韧性断裂到脆性断裂的转变温度 T_c 称为韧性-脆性转变温度，可通过系列冲击试验获得。

图9-16为典型的系列冲击试验获得的冲击功-温度曲线。当温度高于 T_1 时，材料的冲击吸收功基本保持恒定，即存在一个上平台区，断口为100%韧窝断裂。当温度为 T_1 时，材料开始出现脆性断裂倾向。在 T_2 温度时材料的冲击吸收功急剧降低，断口上通常出现50%的脆性断口，通常用 T_2 表征材料的韧脆转变温度，或用 T_c 表示。在温度 T_3 以下时，断口为100%脆性特征，材料已处于完全脆性断裂状态。

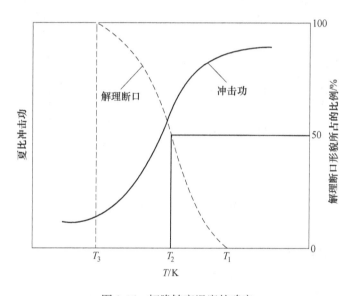

图9-16 韧脆转变温度的确定

一般地，确定韧脆转变温度（ductile-brittle transition temperature，DBTT）的方法有以下两种：

（1）材料断口出现50%脆性断裂面积时的温度；

（2）冲击值为完全韧性断裂和完全脆性断裂试样冲击值的平均值时的温度。

材料的韧性可由冲击试验测得的冲击功（A_k）和冲击韧性（a_k）表征。

韧脆转变可以看成是塑性变形和断裂相互竞争的结果。如将塑性变形和断裂看成是相互独立的两个过程，临界应力分别为 σ_y 和 σ_f。塑性变形的临界应力 σ_y 随温度的升高而下降，但断裂强度 σ_f 对温度不敏感。将温度对 σ_y 和 σ_f 影响作图，两条曲线有一个交点（图9-17）。当 $T > T_c$，$\sigma_y < \sigma_f$，外加应力在增加的过程中先达到 σ_y，试样经过一定程度的塑性

变形才发生断裂，因此呈现韧性；而在 $T < T_c$ 的区域内，外加应力在塑性变形之前就达到 σ_f 而断裂，从而表现为脆性。

实验发现，材料的韧脆转变行为与材料特性、成分、晶粒尺寸、屈服强度、变形速率及应力状态等因素有关。

图 9-18 示出了温度对不同金属断面收缩率的影响。采用光滑圆棒试样进行拉伸。试样的断面收缩率随温度的变化而改变，在某一温度范围内急剧下降，材料的断裂模式由韧性断裂转变为脆性断裂。由图可见，不同金属的差别很大。

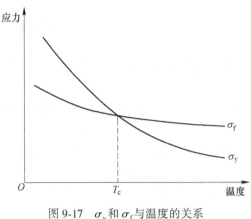

图 9-17　σ_y 和 σ_f 与温度的关系

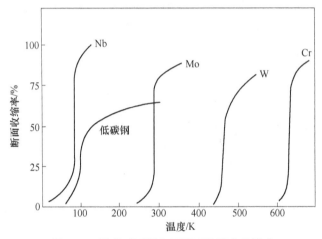

图 9-18　温度对不同金属断面收缩率的影响

钢的韧脆转变温度对成分很敏感。含碳量越高，钢的韧脆转变温度越高（图 9-19）。Mn、Ni 等合金元素可降低钢的韧脆转变温度，而 P、C、Si 等元素则提高钢的韧脆转变温度（图 9-20）。

一般来说，材料的晶粒越粗大，韧脆转变温度越高。图 9-21 示出了铁素体尺寸与韧脆转变温度的关系。可以看出，当晶粒直径从 $10\mu m$ 增加到 $80\mu m$ 时，韧脆转变温度增加了约 120℃。

材料的应力状态对韧脆转变温度有显著的影响。如试样尺寸增大或缺

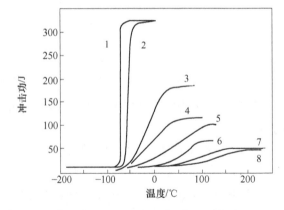

图 9-19　钢的含碳量对韧脆转变温度的影响

1—$w(C) = 0.01\%$；2—$w(C) = 0.11\%$；3—$w(C) = 0.22\%$；
4—$w(C) = 0.31\%$；5—$w(C) = 0.43\%$；6—$w(C) = 0.53\%$；
7—$w(C) = 0.63\%$；8—$w(C) = 0.67\%$

口的存在都会使材料中的应力状态发生变化，使韧性降低。

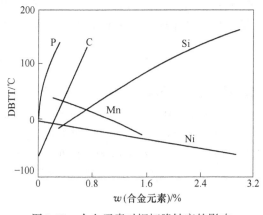
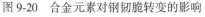

图 9-20　合金元素对钢韧脆转变的影响

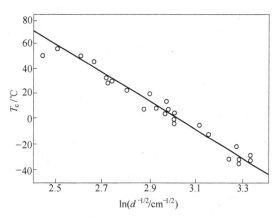

图 9-21　铁素体晶粒尺寸与韧脆转变温度的关系

9.6　材料塑性加工时的断裂

在材料的塑性加工过程中，除了因铸锭质量问题或加热制度不合理以外，由于不均匀变形的存在，会造成在成形过程中出现表面或内部开裂。

9.6.1　锻造时的断裂

9.6.1.1　锻造时的表面开裂

在材料自由锻造时，由于锤头端面对工件表面摩擦力的影响，会形成单鼓形，因此在工件的侧面周向产生拉应力。当这种拉应力过大，就会引起表面出现开裂。如图 9-22 所示。

为了防止镦粗时发生这种断裂，可采用如下措施：

（1）减少工件与工具间的接触摩擦，采用高效的润滑剂；

（2）在锻造时采用凹形模，此时模壁对工件有一定的侧向压缩作用，使周向拉应力减小；

（3）如图 9-23 所示，在加工难变形材料时，采用塑性好、变形抗力低的材料做包套。

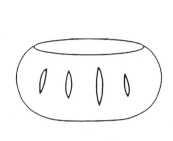

图 9-22　单鼓形侧表面
开裂示意图

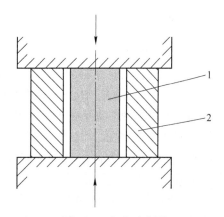

图 9-23　包套示意图
1—工件；2—包套

在变形时，包套和坯料一起变形，包套的使用对材料的流动可起到限制作用，增加了三向压应力，可有效防止裂纹的产生。例如，在锻造 Ti-Al 金属间化合物时，可采用低碳钢做包套；在锻造高强度铝合金时，用纯铝做包套等。由于工件材料和包套的力学性能有差别，因此在包套和工件之间应留出一定的间隙。

9.6.1.2 锻造时的内部开裂

如图 9-24 所示，平锤头锻压方坯时，由于锤头接触面上外摩擦的作用，使坯料 A 区，成为难变形区。在压缩时该区沿垂直方向移动，且带动和它相邻的 a 区金属沿箭头方向移动。B 区处于变形体的外侧，受摩擦影响很小，且无其他阻碍，因此在压缩时 B 区金属向横向移动，带动它相邻的 b 区沿与 a 区相反的方向移动。因而，在坯料的对角线方向会产生金属的剧烈错动。当翻转 90°压缩时，a、b 两区金属产生沿相反方向的错动。在反复的剧烈错动后，沿坯料对角线方向会产生疲劳开裂。

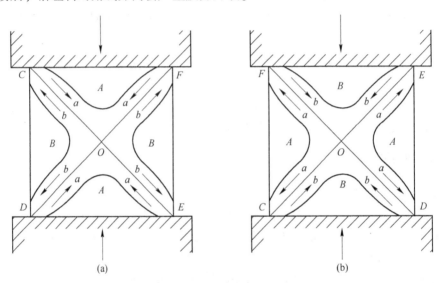

图 9-24 在"锻造十字"区金属的流动方向

(a) 锤头在 A 区压缩；(b) 锤头在 B 区压缩

9.6.2 轧制时的断裂

9.6.2.1 表面开裂

对平辊轧制，当轧件通过辊缝时，沿宽向各点均有横向流动的趋势，即产生宽展。由于受到摩擦阻力的影响，中心部分宽展远小于边部，此时中心部分的厚度减小将转化为长度的增加，所以板的端头呈弧形。轧件作为一个整体，边部受附加拉应力，故容易产生边部裂纹，如图 9-25 所示。此外，当辊型控制不当或坯料形状不良，沿板宽方向绝对压下量不均，导致金属的不均匀流动，也会出现边部裂纹。

轧制薄板时，当辊型为凹形，板材中部变形程度小，受到附加拉应力。当附加拉应力与基本应力叠加后，如果高于材料的断裂强度，则可能会产生中部周

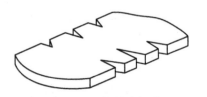

图 9-25 平辊轧制边部裂纹

期性裂纹，如图 9-26 所示。

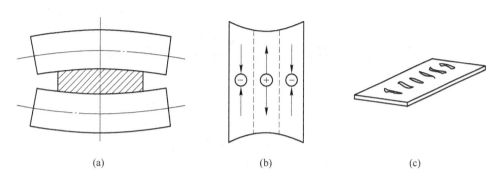

图 9-26 凹形辊轧制中部周期性裂纹的形成
(a) 凹形辊轧制；(b) 附加应力示意图；(c) 中部周期性裂纹

为避免上述缺陷的形成，需要选择良好的辊型和坯料形状，制定合理的工艺规程，如控制压下量、调整张力、采用合适的润滑方法等。另外，也可以采用塑性好的材料对轧件包覆侧边，然后进行轧制。

9.6.2.2 内部裂纹

采用平辊轧制厚坯料时，如果压下量较小，仅表面发生变形，中心部分未发生变形。此时中心层受到附加拉应力。当此附加拉应力与基本应力的叠加超过材料的断裂强度，就会引起中心裂纹的出现（见图 9-27）。裂纹的产生使因不均匀变形引起的附加拉应力得到松弛。当变形继续进行，附加拉应力进一步积累，又会产生新的裂纹。因此，这种因不均匀变形引起的裂纹呈周期性。

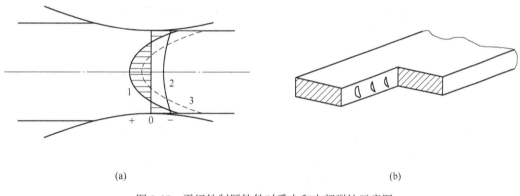

图 9-27 平辊轧制厚轧件时受力和内部裂纹示意图
(a) 轧件受力示意图；(b) 轧件内部裂纹
1—附加应力，2—基本应力，3—工作应力

减少或消除轧件内部裂纹的措施为调整轧制工艺参数，如采用合适的 $l/\bar{h}$ 比值，使变形能够深入到轧件的内部。

9.6.2.3 其他裂纹

轧制时由于金属的不均匀流动，板材的局部区域会产生附加拉应力，强烈的附加拉应力还可导致板材产生鳄裂或中间劈裂，如图9-28所示。

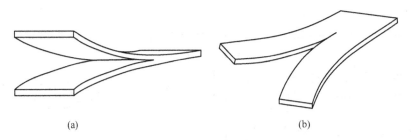

图9-28 鳄裂和中间劈裂示意图
(a) 鳄裂；(b) 中间劈裂

9.6.3 挤压和拉拔时产生的裂纹

9.6.3.1 表面裂纹

在金属挤压时，由于挤压筒壁和模壁摩擦力的作用，表面金属的流动速度滞后于心部金属。因此，附加应力分布为边部受拉，中心受压。当摩擦力很大时，有可能使边部金属所受的拉应力值超过金属的断裂强度，使金属表面出现裂纹，这种裂纹呈周期性，如图9-29所示。

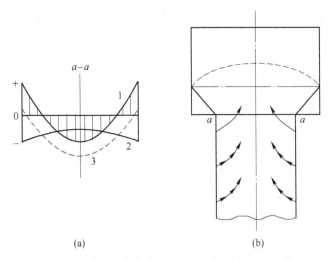

图9-29 挤压时附加应力分布 (a) 与表面裂纹的形成 (b)
1—附加应力；2—基本应力；3—工作应力

与挤压类似，拉拔时金属流过模孔时也会受到模壁摩擦力的影响，使金属边部的流动比中心慢，边部金属受到附加拉应力。由于基本应力也是拉应力，边部的拉应力显著增加。当拉应力超过材料的断裂强度时，会使制品表面产生周期性裂纹。

9.6.3.2 中心裂纹

当挤压比很小或拉拔时变形程度很低时，只是表面产生变形，而压缩变形无法深入至中心层。此时，中心层产生附加拉应力，此拉应力与纵向基本应力相叠加使中心层的工作应力大于材料的断裂应力时，会产生如图9-30所示的内部裂纹。

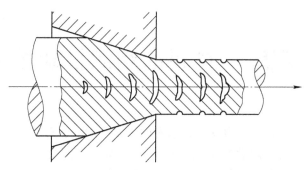

图 9-30　拉拔时的中心裂纹示意图

习题与思考题

9-1　穿晶断裂是否一定是韧性断裂？请举例说明。

9-2　试定量分析实际断裂强度和理论断裂强度的差别，并解释 Griffith 断裂强度公式的物理意义。

9-3　微裂纹的形成机制有几种？请用位错理论解释之。

9-4　何为材料的韧脆转变温度？如何确定韧脆转变温度？影响材料韧脆转变温度的主要因素有哪些？

9-5　利用冲击试验可获得哪些信息？研究材料的韧脆转变对实际应用有何指导意义？

9-6　参照图 9-31 解释应变速率对韧脆转变温度的影响。

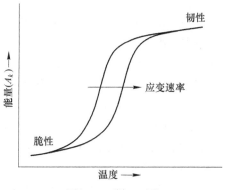

图 9-31　题 9-6 图

9-7　试分析影响材料断裂的主要因素。

9-8　说明韧性断裂的特点。

9-9　说明屈服强度、抗拉强度和断裂强度在工程应用中的意义。

9-10　举例说明材料在塑性加工中产生表面裂纹和中心裂纹的成因。

10 材料的组织性能控制

材料的性能受其成分、结构和组织形态的影响，材料的组织形态发生改变，性能常常随之发生明显的变化。随着科学技术的发展，对材料的要求越来越高。一方面要求具有高的强度、硬度，以提高抗塑性变形、疲劳断裂和磨损的能力；另一方面又要求材料具有高的塑性和韧性，以提高抗脆性断裂的能力，确保制品在使用过程中安全可靠。在一般情况下，提高材料的强度，往往会使韧性、塑性降低；且强度提高越高，韧性和塑性降低越多。为了保证材料具有足够的韧性和塑性，通常都是用降低强度实现的。若既能提高材料的强度，又能提高或不显著降低其塑性和韧性，在实际应用中是十分重要的。

在前面的几章中，已经对材料的晶格缺陷、塑性变形、强化机制、回复与再结晶和断裂做了阐述，本章主要结合具体实例对材料的组织性能控制进行介绍。

10.1 钢的组织性能控制

形变热处理（Thermo Mechanical Controlled Process，TMCP）是将塑性变形与热处理相结合，实现材料的组织和性能控制的一种综合工艺。

塑性变形增加了金属中的缺陷（主要是位错）密度，改变了各种晶体缺陷的分布。若在变形期间或变形之后合金发生相变，那么变形时缺陷组态及缺陷密度的变化对新相形核动力学及新相的分布影响很大。反之，新相的形成往往又对位错等缺陷的运动起钉扎和阻滞作用，使金属中的缺陷稳定。由此可见，形变热处理强化不能简单视为变形与热处理的组合，而是变形与相变两者互相影响、互相促进的一种工艺。合理的形变热处理工艺有利于发挥材料潜力，是金属材料强韧化的一种重要方法。

对于钢铁材料，形变热处理也称为控制轧制和控制冷却工艺，其原理可以概括为：通过控制从轧制前的加热到最终轧制道次结束的轧制过程以及轧后冷却制度来控制钢材的相变过程，从而控制钢材的组织类型、形态和分布，提高钢材的组织和力学性能。控轧控冷工艺的核心内容包括：钢材的成分设计和调整，轧制温度、轧制程序、轧制变形量的控制，冷却速度和冷却温度的控制等。研究控轧控冷技术，对钢铁组织性能的控制以及材料热加工过程中物理冶金机理模型的建立具有极其重要的意义。

按照轧制过程中的组织变化，控制轧制可以分为三个阶段（见图 10-1）。第一阶段是奥氏体再结晶区控制轧制。在这一阶段，奥氏体变形过程中会发生动态再结晶，或者在变形之后的道次间隔时间内发生静态再结晶，通过再结晶过程的反复进行，奥氏体晶粒能够得到细化。奥氏体晶粒尺寸越细小，相变后的铁素体晶粒尺寸也越细小。第二阶段为奥氏体未再结晶区控制轧制。在这一阶段，不仅奥氏体变形过程中不会发生动态再结晶，而且在变形之后的道次间隔时间内静态再结晶也很难发生，奥氏体晶粒沿轧制方向呈扁平状，晶粒内部产生变形带。铁素体形核率与相变奥氏体晶界面积和形变带的数量有关。在未再结晶温度区域轧制时，变形程度越高，奥氏体晶界面积越大和变形带数量越多，随后冷却过程中铁素体相的形核率越大，铁素体晶粒细化程度越高。第三阶段是两相区控制轧制。在两相区控制轧制时，未相变的奥氏体晶粒更加拉长，在晶内产生变形带；同时，已相变的铁素体晶粒在受到压下时，在晶粒内形成亚结构。在轧后的冷却过程中，前者发生相变形成多边形晶粒，而后者因回复变成内部含有亚结构的铁素体晶粒。因此，两相区轧制材料的组织多为混合组织。

在控制轧制与控制冷却工艺中，通过改变变形条件和冷却条件可获得需要的组织和性能。在不同冷却速度的情况下，可发生不同类型的相变，获得不同的相变产物，从而产生相变强化。如采用单段冷却，通过改变冷却速率可以获得铁素体+珠光体、铁素体+马氏体、铁素体+贝氏体或铁素体+马氏体+贝氏体等组织，还可以控制析出过程。另外，也可以采用分段式冷却获得不同的组织组成。通过控制终轧温度、冷却速度及冷却方式对相比例、晶粒尺寸及析出进行调控，获得需要的组织和性能。

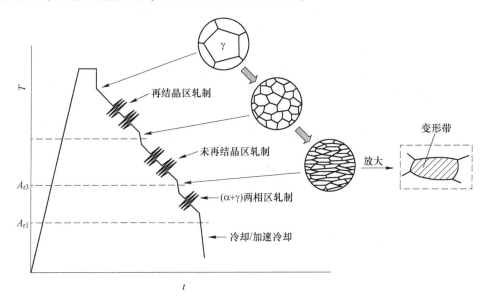

图 10-1 控制轧制三个阶段的模型图和组织变化

因此，在不改变钢材成分的情况下，利用控轧控冷技术，可以通过轧制工艺条件和冷却工艺的改变，提高钢材的质量，降低成本。

与普通热轧工艺相比，控轧控冷工艺参数具有如下特点：（1）控制钢坯加热温度；（2）控制最后几个轧制道次的轧制温度；（3）要求在奥氏体未再结晶区内给予足够的变形量；（4）要求控制轧后的钢材冷却速度、开冷温度、终冷温度等，以保证获得所需的显微组织。

对于简单成分的碳锰钢来说，由于不含有对奥氏体再结晶过程起抑制作用的微合金元素，所以奥氏体的再结晶温度范围比较宽，这样在通常的低温轧制过程得到的是细化了的奥氏体再结晶晶粒。对于含有 Nb 等元素的微合金钢来说，其控制轧制发生的物理冶金学过程不仅与碳锰钢不同，而且还因所含的微合金元素的不同而异。控轧控冷工艺中微合金元素的作用有两方面：一方面是利用碳氮化物质点来抑制在加热温度下奥氏体晶粒的长大及通过微合金元素的应变诱导析出抑制奥氏体晶粒在控轧过程中的再结晶和晶粒长大，从而使奥氏体在冷却转变时形成细小的铁素体晶粒；另一方面的强化作用主要是通过微合金碳氮化物在铁素体中析出而产生的。这些在铁素体中析出的细小弥散的化合物不仅产生显著的强化效果，而且能够阻碍铁素体晶粒的长大，从而可间接地细化晶粒。

    例 10-1 对含 Nb 的微合金钢进行控制轧制控制冷却。采用两种不同的加热温度（1100℃和1200℃），在相同的轧制温度轧制后进行冷却，得到的组织分别如图 10-2（a）和（b）所示，两种实验钢的性能见表 10-1。试说明为什么 1100℃加热的晶粒尺寸大于1200℃时加热时的晶粒尺寸，并说明组织性能之间的关系。

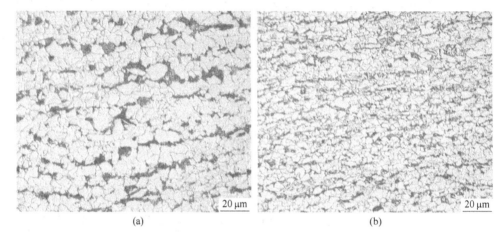

图 10-2 含 Nb 微合金钢控轧控冷后的组织

（a）1100℃加热；（b）1200℃加热

表 10-1 微合金钢形变热处理后的性能

编号	$RT/℃$	σ_s/MPa	σ_b/MPa	$\delta_5/\%$	σ_s/σ_b
1	1100	405	500	30.6	0.81
2	1200	504	589	24.2	0.86

    答：Nb 的熔点很高，Nb 的碳化物、碳化物和碳氮化物的溶解温度也很高。对于含Nb 钢，需要在较高的温度下加热，使粗大的化合物相溶入基体，然后在热轧过程中析出细小、弥散的化合物，从而可以起到钉扎晶界作用，细化组织。一般来说，含 Nb 钢热轧前的加热温度为 1200℃，这样可以保证原始粗大的化合物粒子的溶解。在 1100℃时，这些化合物并不能得到充分的溶解，因此无法在轧制过程中析出细小的化合物，钉扎晶界的作用不十分显著。因此，晶粒尺寸比高温加热时还大。由表 10-1 所示，高温加热后实验钢的强度高于低温时加热后的实验钢的强度，这符合 Hall-Petch 规律。同时还注意到1200℃时加热时实验钢的塑性略低，这是因为析出强化虽然可以提高强度，但是对材料的塑性有一定程度的影响。

    下面以高强度高塑性的 TRIP 钢和高强度和高韧性的管线钢为例，对控轧控冷过程中轧制和冷却工艺的控制以及对组织性能的影响做以介绍。

TRIP（Transformation Induced Plasticity）钢又称相变诱发塑性钢，其本质是通过相变诱发塑性效应，使得钢材中奥氏体在塑性变形过程中诱发马氏体形核和长大，并产生局部硬化，继而变形不再集中在局部，使相变均匀扩散到整个材料，以提高钢板的强度和塑性。

生产 TRIP 钢板典型的工艺路线有热轧和冷轧热处理两种。热轧型 TRIP 钢通过控轧控冷工艺来获得。在控轧控冷的过程中，精轧温度可控制在 $800 \sim 900$℃。热轧后的钢板组织在随后的冷却过程中发生快速的相变，可以获得包含铁素体、贝氏体和残余奥氏体的多相显微组织。在卷取过程中，这种相变持续发生。随着卷取温度的降低，由于碳化物在贝氏体中的沉积，残余奥氏体中碳含量降低，从而使其稳定性降低，在冷却的过程中转化为马氏体，导致钢中的残余奥氏体含量降低。

研究结果显示，对于低碳 TRIP 钢，在 400℃卷取时，可以获得较高含量的残余奥氏体，试样的力学性能也较为理想。对于热轧型 TRIP 钢，根据成分和热轧条件的组合控制材料的组织组成及分布。首先，在加热炉内对材料的初始状态进行合理优化，随后在轧制过程中，以最佳温度与压下率控制奥氏体组织，继而在轧制后至卷取之前，在输出辊道上进行短时间（10s 左右）的冷却，最后在绕卷后的缓冷过程中的第 2 阶段，通过不同类型的相变对最终组织进行调控，如图 10-3 所示。

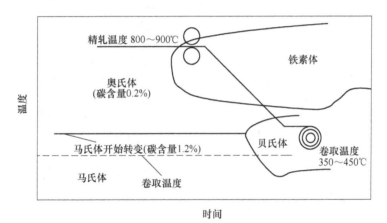

图 10-3　热轧 TRIP 钢板的工艺

对于管线钢，不仅要求高强度，对其韧性的要求也很高。管线钢的微观组织结构对其冲击韧性起着重要的作用。一般来说，对于铁素体型管线钢，针状铁素体组织具有较高的韧性，应控制针状铁素体的最佳比例，尽量减少粒状贝氏体的含量。可采用合适的合金成分和适当的加速冷却，获得均匀细小的铁素体晶粒、细小弥散的 M/A 岛和析出物。对于贝氏体和马氏体型管线钢，也应通过控制轧制和控制冷却使其组织细化，从而提高材料的韧性。此外，应提高管线钢的纯净度，严格控制夹杂物的数量、尺寸和分布。

10.2　铝合金的组织性能控制

通常采用固溶-淬火-时效的工艺方法提高铝合金的强度。将合金加热到单相区，快速冷却，获得过饱和固溶体（溶质原子和空位均过饱和），然后在某一温度进行时效处理。铝合金的时效分为两种：（1）自然时效，即淬火后在室温下放置一定时间；（2）人工时效，即淬火后重新加热到高于室温的某一特定温度保持一定的时间，两种方法均可提高铝合金的强度。自然时效的进程比较缓慢，人工时效的进程比较迅速。具体选用哪种方法，需要根据合金性质、制品的使用温度及性能要求确定。

铝合金的时效过程是第二相从过饱和固溶体中沉淀的过程，也是固态相变的一种。铝合金在固溶处理加热时，合金中形成了空位。在淬火时，由于冷却速度快，这些空位来不及逸出，在固溶体中过饱和。这些在过饱和固溶体内的空位大多与溶质原子相结合。淬火的过饱和固溶体在时效过程的分解中或组织结构的变化序列一般可分成几个阶段：固溶体-淬火后形成过饱和固溶体-溶质原子富集-过渡相-平衡沉淀相。以 Al-Cu 二元合金为例，在时效热处理过程中，随着时效温度的升高或时效时间的延长，会发生以下过程：（1）形成溶质原子富集区-GP 区；（2）GP 区发生有序化；（3）形成过渡相；（4）形成稳定的相。

图 10-4 示意地画出了 Al 合金固溶、淬火和时效中发生的组织演变。图 10-5 示出了 Al-Cu 合金时效硬化曲线。根据时效后合金的硬度或强度，可将时效分为欠时效、峰值时效和过时效。通常时效峰出现在沉淀相与基体共格关系开始破坏之时。

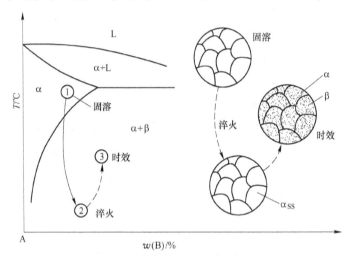

图 10-4 Al 合金的时效强化过程示意图

除了时效引起的沉淀强化之外，铝合金的强化还综合运用其他强化机制。在变形铝合金中，超硬铝的室温强度最高，其强度可达 600~700MPa。超硬铝属 Al-Zn-Mg-Cu 合金系，是在 Al-Zn-Mg 三元系的基础上发展起来的。Zn 和 Mg 在铝中有很高的固溶度，具有固溶强化作用。Zn 和 Mg 共存时，会形成强化相 η（$MgZn_2$）和 T（$Al_2Mg_3Zn_3$），

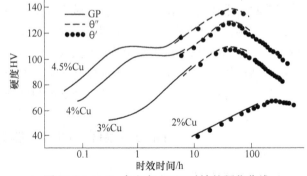

图 10-5 Al-Cu 合金在 130℃时效的硬化曲线

高温下这两个相在 α 固溶体中有较大的固溶度，低温下时效后具有强烈的沉淀强化效应，

极大地提高了合金的强度和硬度。Al-Zn-Mg 系合金的强度随（Zn+Mg）总量的增加而提高，但总量超过 9%后，由于在晶界析出呈连续网状分布的脆性相，故合金处于脆性状态。在超硬铝中可添加适量的 Cu。一方面，Cu 的固溶强化作用改变了合金沉淀相的状态，使时效后的组织更为弥散均匀，起到弥散强化作用，既提高了强度，又改善了塑性和应力腐蚀倾向；另一方面 Cu 还能形成 θ 相（CuAl$_2$）和 S 相（CuMgAl$_2$），也起到了时效强化的作用。在超硬铝中还常常加入少量的 Mn 和 Cr 或微量 Ti。Mn 主要起固溶强化作用，同时改善合金的抗晶间腐蚀性能。Cr 和 Ti 可形成弥散分布的金属间化合物，显著提高合金的再结晶温度，阻止晶粒长大，具有一定的细晶强化作用。常用超硬铝的主要相组成为：基体 α+MgZn$_2$+Al$_2$Mg$_3$Zn$_3$+CuMgAl$_2$ 或 CuAl$_2$。

例 10-2 在铝合金中，常将形变与固溶-淬火-时效相结合，称为铝合金的形变热处理。根据不同工艺的配合，铝合金的形变热处理可能有几种方式？可起到什么作用？

答：可采用以下几种方式：

（1）淬火-冷变形（或热变形）-人工时效；

（2）淬火-自然时效-冷变形-人工时效；

（3）淬火-人工时效-冷变形-人工时效。

在淬火和时效之间增加冷变形，可以增加晶格缺陷，使时效过程中析出的粒子更加细小，以提高材料的强度。采用双级时效或自然时效和人工时效及变形相配合，可以对铝合金的组织性能进行更有效的控制。

10.3 其他合金的组织性能控制

10.3.1 钛合金

在钛合金中，近 β 和亚稳 β 钛合金加热后快冷，或两相钛合金加热到两相区快冷，则冷却过程中不发生相变，仅得到亚稳 β 组织。若对亚稳 β 组织时效处理，就可以使亚稳 β 组织分解，得到弥散相而使合金强化。这种情况类似于铝合金的固溶时效强化，所以钛合金的这种强化热处理也可称为固溶时效处理。两者的主要区别在于铝合金固溶时，得到的是溶质元素过饱和的固溶体，而钛合金得到的是 β 稳定元素欠饱和的固溶体。铝合金时效时依靠过渡相强化，而钛合金时效时是靠弥散分布的平衡相强化。

两相钛合金从 β 相区或近 α 钛合金自高于 M_s 温度快冷时，β 相发生无扩散相变，转变为马氏体。时效时，马氏体分解为弥散相而使合金强化。这种强化过程类似于钢的淬火回火，因此钛合金的这种强化热处理也称为淬火。它与钢的淬火的主要区别在于，钢淬火所生成的马氏体可造成强化和硬化，而回火是为了降低马氏体的硬度，提高塑性；钛合金则相反，β 相转变生成的马氏体不引起显著强化，强化主要是靠时效时马氏体分解所得到的弥散相，这与亚稳 β 相的时效强化机制相同。

10.3.2 铜合金

铜及铜合金的强化途径主要有加工硬化、固溶强化、弥散强化和时效强化等。大多数的铜合金都可通过冷轧、冷拉、冷冲压等来实现冷变形强化，即加工硬化。如黄铜

（H70）经强烈冷变形后（变形度为 50%），其抗拉强度可由退火态的 314MPa 提高到649MPa，提高幅度达 107%。

铜常用的固溶强化合金元素主要有锌、锡、铝、镍等，它们有很好的固溶强化效果。当合金元素的加入量超过它们的固溶极限时，会生成硬脆的第二相。当其数量较少时，弥散分布在基体上而起到弥散强化作用，如锌对黄铜性能的影响。单相 α 黄铜的强度和塑性随着 $w(Zn)$ 的增加而增加，黄铜的伸长率在 $w(Zn)$ = 30% 时达到最高；继续增加锌含量，出现硬脆的 β′ 相时，伸长率开始下降，强度则继续升高。随着 β′ 相的增加，伸长率下降，强度继续升高。强度在 $w(Zn)$ = 45% 时达到最高，之后急剧下降。

析出强化是高强度、高导电性铜合金中应用最广泛的强化方法。产生析出强化的合金元素有两个特点：一是高温和低温下在铜中的固溶度相差较大，以便时效时能析出足够多的析出相；二是室温时在铜中的固溶度小，以保证基体的高导电性。基于这些原理开发的高强高导合金有 Cu-Cr、Cu-Zr、Cu-Cr-Zr、Cu-Fe、Cu-Fe-Ti、Cu-Ni-Be 等系列。在铜合金中，为产生时效析出强化而加入的元素有 Ti、Co、P、Si、Mg、Cr 、Zr 、Be 、Fe 等。时效析出强化的优点是显著提高了材料的强度，同时对材料的导电率损害较小。铍青铜也可以进行时效强化。铍的最大固溶度在 886℃ 时为 2.7%，室温下仅为 0.2%。铍青铜在固溶时效后，其抗拉强度可达 1200~1400MPa。

在铜合金的强化方法中，最有效的方法是将时效强化与冷变形相结合。处理工艺为将合金加热至固溶线以上快速冷却，获得过饱和固溶体。随后对合金进行冷变形，将冷变形后的合金再经过时效处理使其析出第二相，从而产生析出强化效果。也可以将工艺过程设计为固溶+冷变形+时效。

将一定形状和大小的弥散强化相的粉末与铜充分混合后，利用粉末冶金的方法制备材料，可实现弥散强化。为了在铜的基体中获得弥散分布的第二相粒子，可以人为地在铜基体中加入第二相粒子或通过一定的工艺在铜基体中原位生成弥散分布的第二相粒子，如可采用机械混合法、共沉淀法、反向凝胶、析出法、电解沉淀法、内氧化法等。常见的第二相有 Al_2O_3、ThO_2、Y_2O_3 和 ZrO_2 等。采用弥散强化方法可以有效地提高强度，对铜的导电性和导热性影响很小。

10.3.3　高温合金

高温合金是指以铁、镍、钴为基，能在 600℃ 以上的高温及一定应力作用下长期工作的一类金属材料。高温合金具有较高的高温强度，良好的抗氧化和抗热腐蚀性能，良好的疲劳性能、断裂韧性、塑性等综合性能。高温合金为单一奥氏体基体组织，在各种温度下具有良好的组织稳定性和使用的可靠性。基于上述性能特点，且高温合金的合金化程度很高，故在英美称之为超合金（Super-alloy）。

由于高温合金具有再结晶温度高、再结晶速度低和硬化倾向大等特点，在高温合金的热轧过程中终轧温度不能过低，否则再结晶不完全，难以获得均匀的组织。同时，如果高温合金的终轧温度过低，会在变形过程中析出强化相，增加合金的不均匀变形，导致制品中出现残余应力，降低其力学性能和物理性能。但是也要保证终轧温度不能过高，以免引起晶粒粗大。为保证合金具有合适的晶粒尺寸，必须控制变形程度，尤其是注意避开临界变形程度。

形变热处理对提高高温合金在高温下的性能十分重要。合金经塑性变形与热处理的综合作用后，可有效地细化晶粒，促进强化相的弥散析出。

10.4 冲压性能的控制

冲压是通过模具使板材产生塑性变形而获得成品零件的一种成形工艺方法。由于冲压通常在冷态下进行，因此也称冷冲压。冲压加工的原材料一般为板材或带材，故也称板材冲压。某些非金属板材（如胶木板、云母片、石棉、皮革等）亦可采用冲压成形工艺进行加工。

冲压广泛应用于金属制品各行业中，尤其在汽车、仪表、军工、家用电器等工业中占有极其重要的地位。

10.4.1 冲压性能的表征

评定板材冲压性能的方法有直接试验法与间接试验法，而这两种方法中又包含多种试验方法，具体如图 10-6 所示。

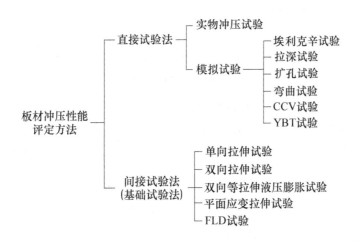

图 10-6 板材冲压性能的评定方法

实物冲压试验是一种评价板材冲压性能最直接的方法。利用实际生产设备与模具，在与生产完全相同的条件下进行实际冲压零件的性能评定，能够得到最可靠的结果。但是，这种评定方法往往不具有普遍意义，无法作为行业之间的通用标准进行信息的交流。

模拟试验是把生产中实际存在的冲压成形方法进行归纳与简单化处理，消除许多过于复杂的因素，在保证试验中板材的变形特性与应力状态都与实际冲压成形相同的条件下，进行的冲压性能的评定。为了保证模拟试验结果的可靠性与通用性，规定了十分具体的关于试验用工具的几何形状与尺寸、毛坯的尺寸、试验条件（冲压速度、润滑方法、压边力等）。目前应用较多，而且具有普遍意义。

间接试验法也叫做基础试验法。间接试验法的特点是：基于板材在塑性变形过程中所表现出的基本性质与规律，将其和具体的冲压成形中板材的塑性变形参数相联系起来，建立间接试验结果（间接试验值）与具体的冲压成形性能（工艺参数）之间的相关性。由于间接试验时所用试件的形状与尺寸以及加载的方式等都不同于具体的冲压成形过程，所以它的变形性质和应力状态也不同于冲压变形。因此，间接试验所得的结果（试验值）并不是冲压成形的工艺参数，而是可以用来表示板材冲压性能的基础性参数。

本节以模拟试验方法的拉深试验法和扩孔试验法，间接试验方法的拉伸试验法和成形极限图（FLD）试验法为例介绍如何评定冲压性能。

10.4.1.1　拉深试验法

拉深是指将平板毛坯或杯形毛坯在凸模作用下拉入凹模型腔形成开口空心零件的成形工艺方法，如图 10-7 所示。

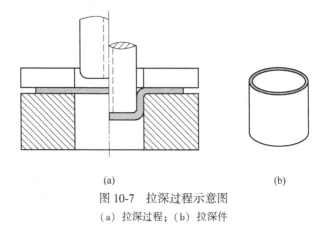

(a)　　　　　　　　　　　　　　(b)

图 10-7　拉深过程示意图

（a）拉深过程；（b）拉深件

通过拉深试验可以确定极限拉深比。用所规定尺寸的冲头和模孔将不同直径的圆形板料一次冲成圆杯形件，侧壁未发生破裂的最大圆形板料外径为 D_{max}，冲头直径为 d_p，将 D_{max} 和 d_p 的比值称为极限拉深比，用 LDR 表示，以此作为拉深成形性能指标：

$$LDR = \frac{D_{max}}{d_p} \qquad (10\text{-}1)$$

LDR 值越大，说明板料外缘沿环向所受的压缩变形就越大，因而杯壁（或杯底）所能受的拉应力就越大，冲压性能就越好。

10.4.1.2　扩孔试验法

材料用于制作底盘和车轮等部件时，延伸凸缘性能是一个重要的衡量其冲压性能的指标，而实际冲压时的延伸凸缘性能大多利用对冲孔进行扩孔试验求出的冲孔扩孔率来评价。

扩孔试验安装简图及原理示意图分别如图 10-8（a）和（b）所示。

将板材通过线切割制成矩形试样，然后在试样中间处冲裁一定尺寸直径的圆孔。试验时，将中心带有预制圆孔的试样置于凹模与压边圈之间压紧，通过凸模将其下部的试样材料压入凹模，迫使预制圆孔直径不断胀大，直至圆孔的边缘局部发生开裂停止凸模运动，并测量试样孔径的最大值和最小值，用它们计算扩孔率 λ，作为金属薄板的延伸凸缘性能指标。按公式（10-2）计算预制圆孔胀裂后的平均直径 $\overline{d}_f$，即

$$\overline{d}_f = \frac{1}{2}(d_{fmax} + d_{fmin}) \qquad (10\text{-}2)$$

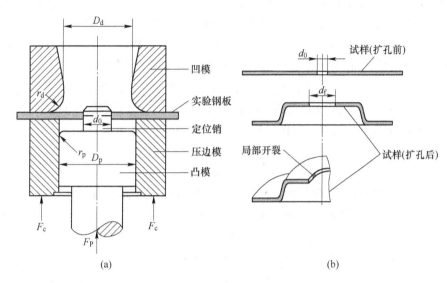

图 10-8　扩孔试验模具及原理示意图

（a）模具示意图；（b）原理示意图

圆孔胀裂后的平均直径 $\overline{d}_f$ 与初始预制孔径 d_0 的相对差值 λ（或 KWI）作为扩孔率，即

$$\lambda = \frac{\overline{d}_f - d_0}{d_0} \times 100\% \tag{10-3}$$

扩孔率 λ 值越高，延伸凸缘性能越好，冲压性能越好。

10.4.1.3　拉伸试验法

材料常规力学性能参数主要包括伸长率（δ）、屈服强度（σ_s）、抗拉强度（σ_b）、加工硬化指数（n）值和塑性应变比（r）值。这些参数通常采用单向拉伸试验获得。

材料的伸长率高，表明材料冲压时可以承受较大的塑性变形，对冲压有利。屈强比 σ_s/σ_b 可以粗略地反映材料加工硬化程度的大小。当 σ_s/σ_b 小时，也就是 σ_s 小，σ_b 大时，说明材料的加工硬化显著，冲压性能好。

测量材料的加工硬化指数 n 时，一般可以通过拉伸试验直接获得，或者是通过拉伸的应力-应变曲线确定。首先是将拉伸工程应力-应变曲线转变为真实应力-应变曲线，在 5% 至 35% 的均匀塑性变形范围内测定加工硬化指数 n。实践表明，当加工硬化指数大时，材料不易出现细颈，因而冲压性能好。

在实际应用中，常用塑性应变比 r 来表征材料的冲压性能。r 是板料在宽度和厚度方向上产生塑性变形的比值。测量方法是将板材试样在拉伸试验机上使其产生 15%~20% 的拉伸变形，然后按式（10-4）计算 r 值。

$$r = \varepsilon_b / \varepsilon_t = \ln(b/b_0)/\ln(t/t_0) \tag{10-4}$$

式中　b_0，t_0——变形前变形区的宽度和厚度；

　　　　b，t——变形后变形区的宽度和厚度。

在冲压过程中，如果板料厚度方向的强度大于沿板面方向的强度，即板料沿厚度方向不易变形，而沿板面方向容易变形，则板料的冲压性能得到改善。当 $r>1$ 时，单向拉伸试验中宽度方向上的应变 ε_b 大于厚度方向上的应变 ε_t，说明厚度方向上的变形难于宽度方向。因此，板材的 r 值应大于 1。r 值越大，板料的拉深性能也越好。

如板材没有各向异性，其性能在不同方向上是一致的。若冲压生产所用轧制板材的纵向和横向性能不同，在不同方向上的 r 值也不同，为了统一试验方法，便于应用，规定以几个方向测得的 r 值的平均值 $\bar{r}$，作为代表板材冲压性能的板厚方向系数，计算式如下：

$$\bar{r} = \frac{r_0 + 2r_{45} + r_{90}}{4} \tag{10-5}$$

r_0、r_{45} 和 r_{90} 分别为沿板材轧制方向（0°）、45°方向和垂直轧制方向（90°）的塑性应变比。因此，塑性应变比也可以用来描述材料的各向异性。

10.4.1.4　成形极限图（FLD）试验法

材料发生失稳之前可以达到的最大变形程度称为成形极限。板料在成形过程中可能出现两种失稳现象：（1）拉伸失稳，即板料在拉应力作用下局部出现颈缩或破裂；（2）压缩失稳，即板料在压应力作用下出现皱曲。通常将材料开始出现破裂时的极限变形程度作为板料冲压性能的判定指标，此时可用成形极限图（Forming Limit Diagram，FLD）来分析。成形极限图可表示金属板材在各种应变比时所能承受的极限应变。薄板成形时可能存在的应变状态如图 10-9 所示，可以用胀形和压延两种形式概括，对应于失稳就是颈缩和起皱。

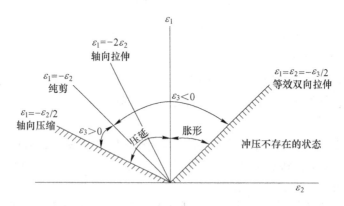

图 10-9　板材冲压成形中的应变状态

获得材料的成形极限图需要对系列试样进行实验，某种实验钢冲压成形后的系列试样和裂纹形态如图 10-10 所示。该材料的成形极限图示于图 10-11。可以看出，成形极限图分为 3 个区域，分别为破裂区、临界区和安全区。

10.4.2　影响冲压性能的主要因素

影响冲压性能的因素有冲压板材的组织与性能、冲压工艺参数、模具及设备等因素，本节主要介绍组织与性能对冲压性能的影响。

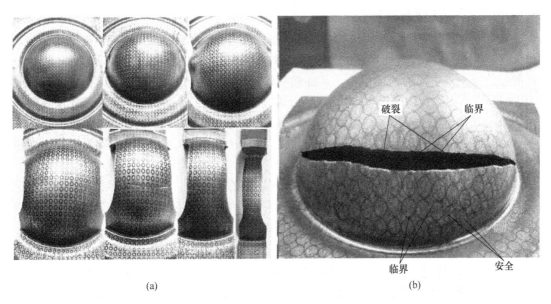

(a)　　　　　　　　　　　　　　(b)

图 10-10　实验钢冲压成形后的系列试样和裂纹形态

（a）成形后的系列试样；（b）裂纹形态

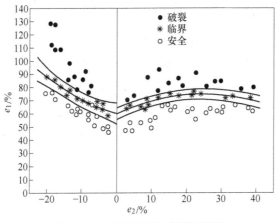

图 10-11　实验钢板的成形极限图

10.4.2.1　晶粒尺寸和织构的影响

金属的晶粒尺寸对板材的冲压性能有重要的影响。当晶粒尺寸增大时，屈服极限降低，材料的变形抗力小，易于成形。σ_s/σ_b 之值也随着减小，材料的应变硬化能力增加。可见，晶粒尺寸增大时，可使板材的冲压性能提高。从另一方面来看，晶粒粗大会引起冲压制品的表面出现桔皮状。此外，晶粒过粗，杂质会因晶粒间界的相对减少而集中，也会使金属的变脆倾向性增大。

研究证明，板材冲压性能的好坏与织构有密切的关系。与板面平行的 $\{111\}$ 晶面越多，$\bar{r}$ 值就越大，深冲性能就越好；而与板面平行的 $\{100\}$ 晶面越多，$\bar{r}$ 值就越小，深冲性能就越差。因此，为提高板材的深冲性能，应设法增加板材的 $\{111\}$ 织构，减少 $\{100\}$ 织构。

10.4.2.2　夹杂物的影响

夹杂物对冲压性能的作用与其类型、状态以及分布等因素有关。在铝镇静钢中存在有由 Al 和钢中的 N 相结合而形成的夹杂物 AlN。AlN 在高温下溶于奥氏体内，冷却时在不同的温度下，以不同的速度析出。若加热后快速冷却，使固溶体中的 Al 和 N 来不及以 AlN 的形式析出，便以过饱和的状态存在于铁素体内。在冷轧后晶粒被拉长，AlN 在冷轧后退火的加热过程中析出，平行排列在冷轧纤维结构之间。再结晶时，由于沿轧向平行排列的 AlN 能够减少钢中自由 N 的浓度，使之对位错的钉扎作用减小或消除。这就会使屈服极限下降，有利于板材冲压的进行。

在钢中往往也存在着如硫化物、碳化物等不利的夹杂物。在轧制中被拉长的硫化物危害极大。碳化物的存在也常成为引起冲压开裂的原因。同时由于夹杂物的影响而产生的带状组织也不允许超过规定。

10.4.2.3　形变时效

形变时效对钢板，特别是对不用铝脱氧的沸腾钢板的冲压过程有着重要的影响。在生产实践中，钢板进行平整后，一般不可能马上进行冲压。这样，钢板在存放和运输过程中，有时要发生形变时效，使其屈服点延伸增大，产生屈服平台，如图 10-12（a）所示。当用这种具有屈服平台的钢板进行冲压时，在冲压件的表面上会形成所谓的"吕德斯带"，见图 10-12（b），使冲压件的表面质量下降。同时，由于形变时效的结果，也会使材料的屈服极限升高，杯突值下降。

形变时效是碳或氮原子向位错中扩散而形成了柯氏气团所引起的现象。如果钢中有某种元素能与其中的碳或氮结合成稳定的化合物，就能够免除或减轻形变时效。优质碳素结构钢 08Al 通常用作冷冲压钢板，其形变时效不明显，可能就是由于铝和钢中的氮作用而形成 AlN 的结果。

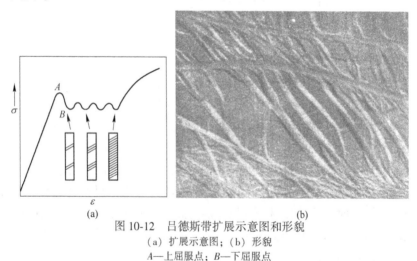

(a)　　　　　　　　　　　　　　　　　(b)

图 10-12　吕德斯带扩展示意图和形貌

（a）扩展示意图；（b）形貌

A—上屈服点；B—下屈服点

10.5　服役性能的控制

在高压蒸气锅炉、汽轮机、燃气轮机、柴油机等动力机械和化工炼油设备及航空发动机中，许多零件长期在高温条件下运转。对于制造这类零件的材料，如果只考虑其室温下的力学性能显然是不够的。如前所述，材料在高温时的塑性变形行为和变形机制与常温下有很大的差异，因此必须研究材料在高温下的力学行为。此处所说的高温是指晶体中原子的扩散足够快，扩散过程对材料的塑性变形和断裂有重要的影响。一般 $T>0.4T_m$ 时可以看作是高温。同时，许多构件往往是在高温条件下长时间承受一定的载荷，因此还必须考虑时间的影响。此外，构件可能还会处于一定的介质氛围之内，这时必须综合考虑应力和环境的影响。

10.5.1　蠕变性能

材料在高温和恒应力条件下，即使应力低于弹性极限，也会发生缓慢的塑性变形。这种现象称为材料的蠕变，其断裂称为蠕变断裂。

图 10-13 示出了恒定载荷作用下，产生的应变随时间变化的蠕变曲线示意图。一般地，蠕变曲线可分成三个阶段：

第一阶段。此时蠕变速率持续减小，说明蠕变的抗力随蠕变的进行不断增加，即发生应变硬化，通常将这个阶段称为减速蠕变阶段。

第二阶段。此阶段为一段直线，蠕变速度保持恒定，说明变形过程中硬化过程与软化过程相平衡，因此这个阶段又称稳态蠕变阶段。第二阶段是持续时间最长的阶段，同时也是工程应用中最为重要的一个阶段。

第三阶段。在此阶段，应变速率开始增加，直至发生断裂，又称加速蠕变阶段。蠕变进入第三阶段后逐渐加速并最终导致断裂。

将应力固定，改变温度可得到稳态蠕变速度与温度之间的关系，如图 10-14 所示。稳态蠕变速度与 T 的关系式可由阿累尼乌斯（Arrhenius）关系表述：

$$\dot{\varepsilon}_s = A_1 \exp\left(-\frac{Q_c}{RT}\right) \tag{10-6}$$

式中　A_1——与材料特性和应力有关的常数；

　　R——气体常数；

　　T——绝对温度；

　　Q_c——蠕变表观激活能，其值可从图 10-14 中的直线斜率求得。

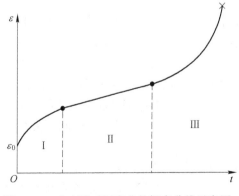

图 10-13　应变随时间变化的蠕变曲线示意图

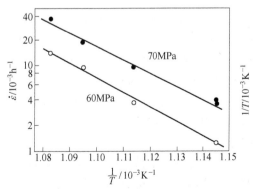

图 10-14　某合金稳态蠕变速度与温度的关系

蠕变过程中的变形机制有位错滑移、位错攀移、形成亚晶、晶界滑动和晶界迁移。由于蠕变在高温下发生，因此有可能开动新的滑移系。在蠕变的第一阶段，会发生交滑移和攀移，在材料中形成亚晶。随着蠕变过程的进行，这些亚晶逐渐向具有大角晶界的晶粒转变。在蠕变过程中，低温时晶界滑动对总蠕变量的贡献不大，但在高温时可占总蠕变量的10%左右。

当应力很高，塑性变形速度很快时，蠕变的断裂形式类似于常温下的韧性断裂，在晶内夹杂物或第二相粒子处形成空洞，空洞发生长大和连接，导致材料失效。当应力较低时，空洞在晶界处形核、长大和合并使材料发生断裂（如图10-15 所示）。当空洞主要是由于空位聚合形成时，其形状呈圆形（图 10-15(a)）；而当空洞形成的原因主要是由晶界滑动而产生的，其形状呈楔形（图 10-15 (b)）。

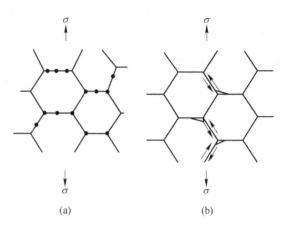

图 10-15　蠕变断裂示意图
(a) 圆形空洞；(b) 楔形空洞

抗蠕变性能是高温材料最基本也是最为重要的性能。在高温条件下服役的构件，在服役过程中不允许产生过量的蠕变变形，否则会提前失效。因此，需确定这些材料的蠕变极限。

材料的蠕变极限是指一定温度下和所规定的时间内引起一定量变形时的应力值。材料的蠕变性能也可用稳态蠕变速度表示。稳态蠕变速度与材料的特性及温度和应力条件有关。

为避免高温服役的构件中产生蠕变现象，所用材料的绝对熔化温度必须要高。由于材料在高温下易发生氧化现象，所以还要求材料具有好的抗氧化性。超合金（super-alloy）满足这两个条件，如钴基和镍基合金含有大量的 Cr 以防止氧化。由于低的晶界密度有利于产生高的蠕变抗力，因此研发了单晶涡轮或通过定向凝固方法生产涡轮叶片，这样可以使构件中含有大致呈平行取向的晶界。如加载方向与占主导的晶界方向平行，晶界滑动就会受到阻碍。

固溶合金比纯金属的抗蠕变能力强。一般规律是溶质原子的熔点越高，与溶剂原子的尺寸差异越大，溶入基体后对基体弹性模量的提高越显著，则对蠕变强度的提高更为有利。粗晶材料的晶界总面积比细晶材料的小，晶界滑动产生的变形也相对较少。因此，一般来说，粗晶材料在高温蠕变中具有较低的蠕变速度和较高的蠕变断裂极限。组织中含有细小弥散的第二相对增强材料的抗高温蠕变能力十分有利。如镍基高温合金使用镍的金属间化合物作为强化相。第二相应该具有良好的高温稳定性，在高温服役期间不发生组织演变。

在蠕变机制不是变形时的主导机制时，高温瞬时拉伸试验也有着重要的意义。通过高温短时拉伸试验，可以确定一定温度下材料的屈服强度、抗拉强度、伸长率和断面收缩率。如对于耐火钢，要求600℃时的强度不低于室温下的2/3。

10.5.2　持久性能

许多高温构件是按使用寿命设计的，如石油化工工业的高温反应装置、电站锅炉和蒸汽轮机及航空发动机的涡轮盘等部件。对于这类构件，持久寿命是重要的性能指标。这时的性能指标为高温持久极限。

高温持久强度极限是指在一定的温度下和规定的时间内材料抵抗断裂的最大应力。研究表明，此时应力并非决定材料强度的唯一参数。材料的强度往往取决于温度和时间两个因素。承受载荷时间越久，材料断裂时所需的应力值越小。这种强度随时间变化的现象，随温度的升高表现得更为明显。

材料的持久实验要一直进行到断裂，因此通过高温持久实验不仅可以获得材料在高温和长时间载荷的条件下抵抗断裂的能力，也可以得到材料在长时间受力状态下的塑性指标，即持久塑性。

图 10-16 为 DZ68 和 DZ125 镍基高温合金在不同温度条件下的应力与持久寿命关系曲线。可以看出，在恒定温度下，两种合金的持久寿命随着应力增加而减小。在中温区（760~850℃），DZ125 合金的持久寿命优于 DZ68 合金。在高温区（>900℃），DZ68 合金的持久寿命优于 DZ125 合金。

对于一些非常重要的构件，需要同时评价材料的蠕变和持久性能，如航空发动机涡轮盘、叶片等部件，要求材料同时具有一定的蠕变强度、持久强度及塑性。

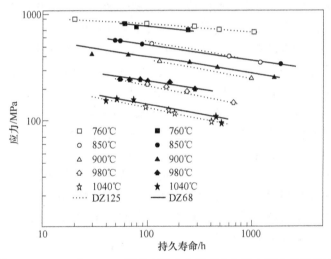

图 10-16　DZ68 和 DZ125 镍基高温合金的应力与持久寿命关系曲线

10.5.3　疲劳性能

疲劳可以在外加恒定载荷（静态疲劳）、循环载荷或与时间相关的随机载荷作用下发生。

由于应力的交变作用而产生的疲劳，通常称为机械疲劳。此时的疲劳强度用疲劳极限来描述。疲劳极限是指不产生断裂的最大周期应力，即在低于这一水平的应力振幅时，外加应力的交变作用不能引起材料的破坏。

在研究材料的疲劳时，通常测量产生失效的循环次数 N 随外加最大拉伸应力 S 的变化关系，其结果就是 $S\text{-}N$ 曲线。图 10-17 为典型材料的疲劳曲线（$S\text{-}N$ 曲线），图中纵坐标为循环应力的最大应力 σ_{max}；横坐标为断裂循环周次 N，常用对数值表示。可以看出，$S\text{-}N$ 曲线由高应力段和低应力段组成。前者寿命短；后者寿命长，且随应力水平下降断裂循环周次增加。对在相对较大的外加应力作用时，较少的循环次数即会导致失效；

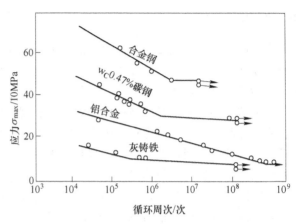

图 10-17　典型材料的疲劳曲线

而在相对低的外加应力下，疲劳进行得十分缓慢，甚至有可能不发生失效，这时曲线上可观察到疲劳极限，也称为疲劳强度。许多有色金属材料并不显示出真正的疲劳极限（曲线上不出现水平部分），这时可得到在超过 10^7 次循环后发生失效时的最大应力值，这一应力值可称为疲劳强度。一般地，高于 10^4 次循环出现的疲劳称为高周疲劳，低于 10^4 次循环出现的疲劳称为低周疲劳。

试件表面的状态对其疲劳寿命影响很大。同种材料的粗糙表面和光滑表面的疲劳强度可相差几倍。表面的擦伤、夹杂物可能成为疲劳裂纹源。构件外形上的缺口、尖角和急剧变化的地方容易引起应力集中，都是易于产生疲劳裂纹的地方。因此，为提高构件的疲劳强度，应对制品的表面质量提出高的要求，并对构件的形状进行合理的设计。

增加表面压应力可以提高材料的疲劳强度，因此可应用喷丸处理和表面辊轧处理等表面强化方法。对钢铁材料进行渗碳或渗氮，也可以在表面增加压应力，提高材料的疲劳极限。

高温下材料的疲劳与室温下的疲劳相似，也是裂纹萌生、扩展和最终断裂的过程。随着温度的升高，材料的疲劳强度下降。当温度升高到蠕变现象比较显著的温度，疲劳和蠕变同时发生，使情况变得更为复杂。

变温度疲劳一般称为热疲劳，热疲劳是指部件在反复加热和冷却时，在内部形成不均匀的温度场，产生循环热应力而导致疲劳破坏。热应力是由温度分布不均匀和构件在热胀冷缩方面受到限制或不协调造成的。若构件在受到循环变化的温度载荷外，还受到循环变化的机械载荷作用，就称为热机械疲劳。

10.5.4　介质对材料强度的影响

随着科学技术的发展，许多构件在更为苛刻的应力、温度及腐蚀条件下服役，对材料的综合性能要求越来越高。但是，高强度的材料往往对环境更为敏感，因此近年来由于这些方面引发的事故频发。而且这些事故往往是没有预兆的，带来的损失很大。

如果构件在一定的介质环境下服役，环境导致材料发生断裂一般有三种：（1）应力腐蚀开裂；（2）氢致断裂，即氢脆；（3）腐蚀疲劳断裂。

10.5.4.1　应力腐蚀

拉应力与腐蚀介质共同作用使材料发生脆性断裂的现象称为应力腐蚀开裂。工业材料的应力腐蚀现象最早是在黄铜零件上观察到的。冷加工的黄铜制品在含有微量氨气的海风环境下出现了裂纹。人们在 20 世纪中叶注意到了奥氏体不锈钢在氯化物水溶液中发生的应力腐蚀现象。

应力腐蚀开裂的特点是：

（1）在材料中存在拉应力。拉应力越大，越容易引起应力腐蚀开裂。应力腐蚀开裂的强度一般低于材料的屈服强度。

（2）对于特定的合金，需要有特定的腐蚀介质。如黄铜的氨裂、锅炉钢的碱脆、低碳钢的硝脆、高强度钢的氢脆和奥氏体不锈钢的氯脆等。一种合金在某种腐蚀介质中发生断裂，但是在其他的腐蚀环境下不发生断裂。

（3）发生应力腐蚀时的速度远高于没有应力时的腐蚀破坏速度。应力腐蚀断裂可以是穿晶断裂，也可以是沿晶断裂。断口属于脆断型。

除了前面提到的铜合金和钢铁材料，在铝及铝合金中也会发生应力腐蚀断裂。铝及铝合金的应力腐蚀倾向对强度级别很敏感。强度高的 7000 系列铝合金的应力腐蚀裂纹扩展速率比强度较低的 2000 系快。对时效硬化型铝合金，随着时效时间的延长，第二相粒子发生粗化，强度降低，应力腐蚀裂纹的扩展速度显著降低。

防止材料发生应力腐蚀的主要措施有：

（1）合理选择材料。不同材料发生应力腐蚀发生的介质条件是固定的。因此，在选择材料时，应注意避免造成应力腐蚀对应的环境的可能性。

（2）减少残余拉应力。制品中存在残余拉应力是产生应力腐蚀的重要原因。因此，应在制备过程中（铸造、加热、冷却、塑性加工、焊接等）尽量减少残余拉应力。如前所述，可采用去应力退火、喷丸、小变形加工等方法去除材料的残余应力。

（3）改善构件服役的环境。1）改善使用条件，减少和控制有害介质。由于每种合金都有其应力腐蚀敏感性介质，减少和控制这些有害介质的量是十分重要的。如除去介质中的氧和氯化物，并降低环境温度，控制 pH，减少内外温差，避免反复加热、冷却，可防止热应力带来的危害。2）使用缓蚀剂，每种材料—环境体系都有能抑制或减缓应力腐蚀的物质，这些物质（缓蚀剂）通过改变电位、促进成膜、阻止氧的侵入或有害物质的吸附等方式起到缓蚀作用。3）涂覆保护涂层，使用有机涂层可使材料表面与环境隔离，使用对环境不敏感的金属作为敏感材料的镀层，可减少材料的应力腐蚀敏感性。4）进行适当的电化学保护，通过控制电位进行阴极或阳极保护，可减少和防止应力腐蚀的发生。

10.5.4.2　氢致开裂

氢原子半径很小，一般在材料的晶格中为间隙原子。氢的存在往往会对材料的服役性能造成不良的影响。

氢溶解在晶体中引起材料脆化，称为氢脆。发生氢脆时，材料在应力的作用下发生氢致脆性断裂。这种断裂可以是穿晶的，也可能是沿晶的。

溶解在材料中的氢原子在某些缺陷部位可能会析出气态 H_2。当 H_2 的压力大于材料的屈服强度时会使材料产生局部变形，当 H_2 的压力大于原子间的结合力时就会在材料中产生局部开裂。某些钢材在酸洗后在断口上可观察到银白色椭圆形斑点，称为"白点"。这种缺陷就是由于材料有较多的气态 H_2 所引起的。

如果在材料中氢与其他元素形成脆性化合物，也会对材料的性能产生影响，尤其是会使材料的韧性降低。

材料受到载荷作用时，原子氢向拉应力高的部位扩散形成氢的富集区。当氢的富集达到临界值时会引起氢致裂纹的形核和扩展，导致断裂。由于氢的扩散需要一定的时间，材料加载后经过一定的时间才会发生断裂，因此称为延迟断裂。氢致延迟断裂的外应力低于材料的抗拉强度。如果除去材料中的氢即可避免延迟断裂的发生。

氢脆产生的基本条件之一是材料中含有过量的氢。也可以将氢脆包括在应力腐蚀的范畴之内。这样可以将应力腐蚀的概念有更为广义的理解。如前所述，应力腐蚀是材料在应力与介质联合作用下产生的破坏。如果广义地理解，这里的介质不仅可以是服役条件下材料周围的介质，也可以是制品制备和使用整个全过程中一切环境因素的影响。

随着高强度钢和超高强度钢的开发，延迟断裂越来越引起人们的重视。图 10-18 示出了 TWIP（Twining Induced Plasticity）钢深冲实验后的延迟断裂裂纹。图 10-18（b）为对图 10-18（a）中裂纹的放大，可以观察到在第一条裂纹出现后，平行于该裂纹又出现了第二条裂纹。研究表明：在 TWIP 钢中添加一定量的铝，可起到抑制延迟断裂的作用。

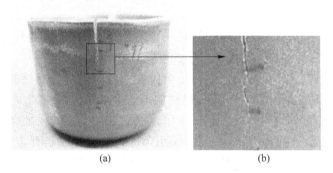

（a）　　　　　　　　　　　（b）

图 10-18　TWIP 钢冲压后的氢致开裂和延迟断裂裂纹形成的位置

对于钛及钛合金，氢脆也是一个重要的问题。钛本身很容易吸氢，在冶炼、热加工、热处理、酸洗等过程中都会吸入氢。钛的吸氢和氢脆是钛制设备腐蚀破坏的重要原因。钛吸氢可形成氢化物，钛的氢脆破坏属于氢化物型破坏。因此，为防止氢脆，应在工艺过程中尽可能降低材料中的原始氢含量，也可以在钛表面涂以保护性涂层。在钛中加铝合金化可以提高氢的溶解度，即可以减少氢化物的形成。采用正确的热处理工艺，消除内应力，或对冷热加工后及服役一段时间的构件进行真空退火脱氢处理，也可以避免氢脆的发生。

10.5.4.3　腐蚀疲劳

在腐蚀环境下发生的疲劳称为腐蚀疲劳。与一般的机械疲劳相比，腐蚀环境会加速疲劳破坏，使材料的疲劳强度降低。与应力腐蚀不同，腐蚀疲劳并不需要特定的材料/介质组合。只要对材料有一定程度腐蚀性的介质，再加上交变应力的作用，都会引起腐蚀疲劳断裂。与机械疲劳相同，腐蚀疲劳的断裂也是穿晶断裂。

既然腐蚀疲劳是腐蚀环境与循环应力共同作用的结果，那么腐蚀疲劳的控制主要包括三个方面：改进设计、改变材料和采取防护措施。

改进设计对控制腐蚀疲劳是十分重要的。降低构件承受交变应力的水平，可减轻腐蚀疲劳损伤。在结构设计时，保证构件具有合理的表面形状，减小应力集中，避免腐蚀介质的积存对延长构件的腐蚀疲劳寿命是十分有益的。在强腐蚀性环境中，需选用在使用环境中稳定的结构材料。

减缓腐蚀疲劳损伤可从减轻环境介质的腐蚀入手。通常，腐蚀环境使构件的疲劳寿命缩短许多倍。只要消除或减轻环境的影响，就可以减轻腐蚀疲劳损伤，延长结构在腐蚀环境中的使用寿命。从此意义上讲，减缓腐蚀疲劳的措施和减缓腐蚀的措施区别不大。凡是能够减轻腐蚀的方法，几乎对减缓腐蚀疲劳都有效。

改变环境、减轻腐蚀环境的腐蚀性，包括去除环境中腐蚀剂成分和添加缓蚀剂，均可减轻腐蚀损伤，从而减轻腐蚀疲劳损伤。改变环境的方法一般在密闭的腐蚀体系最有效，如密闭循环冷却水系统除氧、添加缓蚀剂等。

阴极保护是广泛采用控制腐蚀的有效方法之一。在腐蚀疲劳过程中，施加一定的阴极电位，腐蚀疲劳极限可以达到空气中的疲劳极限，腐蚀疲劳裂纹的扩展速率也会显著降低。通常，钢构件在中性腐蚀溶液中，裂纹扩展的主要原因与裂纹尖端阳极溶解同时发生的阴极析氢反应有关。由于阴极析氢可在裂纹尖端造成很高的氢浓度，氢从裂纹尖端表面向裂尖三轴应力区扩散导致材料的氢脆。在施行阴极保护时，阴极保护阻止了裂尖金属的阳极溶解，从而可降低氢在裂纹尖端的集中浓度，减轻了氢脆对裂纹扩展过程的作用。但是，在有酸性腐蚀介质场合，不宜使用阴极保护。同时，过度的阴极保护，会使构件材料产生过量的氢，构件将存在氢脆的危险。

根据功用可以将表面处理分为两类。一类是改变构件表面应力状态的表面处理，如喷丸处理，可以使构件表面处于残余压应力状态，显著提高腐蚀疲劳寿命。另一类为防护层表面处理，包括各种金属镀层、化学转换层和有机高分子涂层。由于这类保护性涂、镀层将构件基体材料与腐蚀介质隔开，可有效防止腐蚀环境对构件材料的侵蚀，显著延长腐蚀疲劳无裂纹寿命。

表面涂层作为一种有效的防护措施，已经得到广泛的应用。其中，表面阳极化处理是飞机结构常用的表面防护方式。经阳极化处理的铝合金表面会形成致密的保护膜，可以提高结构的抗腐蚀和抗腐蚀疲劳性能。

习题与思考题

10-1 试分析低碳钢在控制轧制和控制冷却过程中发生的组织演变。

10-2 在钢中添加微合金元素如何影响其组织性能？试举例说明。

10-3 提高高强钢韧性的措施有哪些？

10-4 铝合金和铜合金的形变热处理有何共同的特点？

10-5 Al-Mg 二元合金的相图如图 10-19 所示。请选择 Al-8Mg 合金的固溶温度和人工时效温度。

10-6 与常温力学性能相比较，材料的高温性能有何特点？

10-7 说明材料的氢致延迟断裂的特点，并分析高强钢和钛合金发生氢脆的原因。如何避免钢和钛合金产生延迟断裂？

10-8 说明蠕变强度、疲劳强度和持久强度的确定方法，并举例说明在什么应用条件下需要测定材料的这些性能指标。

10-9 试比较应力腐蚀、机械疲劳和腐蚀疲劳产生的条件。

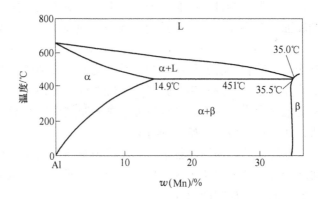

图 10-19   Al-Mg 合金相图及热处理的特征温度

参 考 文 献

[1] 王占学. 塑性加工金属学 [M]. 北京：冶金工业出版社，1991.

[2] 赵刚. 材料成型的物理冶金学基础 [M]. 北京：冶金工业出版社，2009.

[3] 余永宁. 材料科学基础 [M]. 北京：高等教育出版社，2006.

[4] 余永宁. 金属学原理 [M]. 北京：冶金工业出版社，2013.

[5] 胡赓祥，蔡珣，戎咏华. 材料科学基础 [M]. 上海：上海交通大学出版社，2010.

[6] 王亚男，陈树江，董希淳. 位错理论及其应用 [M]. 北京：冶金工业出版社，2007

[7] 董湘怀. 金属塑性成形原理 [M]. 北京：机械工业出版社，2013.

[8] 何肇基. 金属的力学性质 [M]. 北京：冶金工业出版社，1982.

[9] [英] R. E. 斯莫尔曼. 张人佶，译. 现代物理冶金学 [M]. 北京：冶金工业出版社，1980.

[10] 杨德庄. 位错与金属强化机制 [M]. 哈尔滨：哈尔滨工业大学出版社，1991.

[11] 范群成，田民波. 材料科学基础学习辅导 [M]. 北京：机械工业出版社，2007.

[12] 康大韬，等. 物理冶金学原理习题集 [M]. 北京：机械工业出版社，1981.

[13] 王廷溥，齐克敏. 金属塑性加工学——轧制理论与工艺 [M]. 北京：冶金工业出版社，2012.

[14] 周纪华，管克智. 金属塑性变形阻力 [M]. 北京：机械工业出版社，1989.

[15] 志田茂. 塑性と加工，1968，85：127.

[16] 美坂佳助. 塑性と加工，1967，75：188.

[17] 张俊善. 材料强度学 [M]. 哈尔滨：哈尔滨工业大学出版社，2004.

[18] 张俊善. 材料的高温变形与断裂 [M]. 北京：科学出版社，2007

[19] 许金泉. 材料强度学 [M]. 上海：上海交通大学出版社，2009.

[20] [德] 艾瑞克·杨·密特迈. 刘永长，余黎明，马宗青，译. 材料科学基础 [M]. 北京：机械工业出版社，2013.

[21] 王磊，涂善东. 材料强韧学基础 [M]. 上海：上海交通大学出版社，2012.

[22] 黄维刚，薛冬峰. 材料结构与性能 [M]. 上海：华东理工大学出版社，2010.

[23] 杨觉先. 金属塑性变形物理基础 [M]. 北京：冶金工业出版社，1988.

[24] 时海芳，任鑫. 材料力学性能 [M]. 北京：北京大学出版社，2010.

[25] 王磊. 材料的力学性能 [M]. 沈阳：东北大学出版社，2014.

[26] 林翠，杜楠. 钛合金选用与设计 [M]. 北京：化学工业出版社，2014.

[27] 刘平，赵冬梅，田保红. 高性能铜合金及其加工技术 [M]. 北京：冶金工业出版社，2005.

[28] 黄乾尧，李汉康. 高温合金 [M]. 北京：冶金工业出版社，2000.

[29] 肖纪美. 不锈钢的金属学问题 [M]. 北京：冶金工业出版社，2006.

[30] 夏琴香. 冲压成形工艺及模具设计 [M]. 广州：华南理工大学出版社，2004.

[31] 翟平. 飞机钣金成形原理与工艺 [M]. 西安：西北工业大学出版社，1995.

[32] 卢险峰. 冲压工艺模具学 [M]. 北京：机械工业出版社，1998.

[33] 张凯锋，王国峰. 先进材料超塑成形技术 [M]. 北京：科学出版社，2012.

[34] 刘恩泽，郑志，佟健，等. DZ68 合金的持久性能研究 [J]. 材料科学与工艺，2011，19：110.

[35] 刘敬福. 材料腐蚀及控制工程 [M]. 北京：北京大学出版社，2010.

[36] 昝娜. 微观组织和合金成分对高锰奥氏体 TWIP 钢延迟断裂的影响 [D]. 沈阳：东北大学，2015.

[37] 蔡明晖. 高延伸凸缘型铁素体/贝氏体钢的组织演变及力学行为 [D]. 沈阳：东北大学，2009.

[38] 吴志强. 高强度高塑性低密度钢的组织性能和变形机制研究 [D]. 沈阳：东北大学，2015.

[39] 王荣. 金属材料的腐蚀疲劳 [M]. 西安：西北工业大学出版社，2001.

[40] 刘文胜，刘东亮，马运柱，等. 变形温度对 2A14 铝合金显微组织和力学性能的影响 [J]. 中国有

色金属学报，2015，25：308.

[41] 汪大年. 金属塑性成形原理［M］. 北京：机械工业出版社，1992.

[42] 马鸣图，吴宝榕. 双相钢-物理和力学冶金［M］. 北京：冶金工业出版社，2009.

[43] ［芬］波特，［英］伊斯特林，［荷］谢里夫. 金属和合金中的相变. 陈冷，余永宁，译. 北京：高等教育出版社，2011.

[44] P. Haasen. Physical Metallurgy：Third Enlarged and Revised Edition［M］. The Press Syndicate of the University of Cambridge. New York，1996.

[45] Y Tomita，K Okabayashi. Metall Mater Trans A，1985，16：865.

[46] A. Etlenne，V. Massardier-Jourdan，S. Cazottes，et al. Ferrite effects in Fe-Mn-Al-C triplex steels［J］. Metallurgical and Materials Transactions A，2014，45（1）：324.

中英文词汇对照表

孪生方向　twinning direction

孪晶　twins

变形抗力　deformation resistance

霍尔-佩奇关系　Hall-Petch relationship

扭折带　kink

形变带　deformation band

显微带　microband

剪切带　shear band

扩散蠕变　diffusion creep

晶格扩散　lattice diffusion

晶界扩散　grain boundary diffusion

晶界滑动　grain boundary sliding

位错蠕变　dislocation creep

变形机理图　deformation map

本构方程　constitutive equation

第4章　材料的强化机制

Chapter 4　Strengthening mechanisms of materials

晶界强化　grain boundary strengthening

晶粒尺寸　grain size

相界强化　Interface strengthening

珠光体　pearlite

形变强化　deformation strengthening

固溶强化　solid solution strengthening

溶质原子　solute atom

铃木气团　Suzuki atmosphere

第二相质点　second phase particle

第二相强化　second phase strengthening

位错切过　dislocation cut off

位错绕过　dislocation bypass

沉淀强化　precipitation strengthening

共格应变　coherent strain

化学强化　chemical strengthening

有序强化　ordered strengthening

反向畴　antiphase domain

反向畴界　antiphase boundary

模量强化　modulus strengthening

层错强化　stacking fault strengthening

弥散强化　dispersion strengthening

相变强化　transformation strengthening

马氏体　martensite

马氏体相变　martensitic transformation

贝氏体　bainite

奥氏体　austenite

钛合金　titanium alloy

复合材料　composite material

纤维增强复合材料　fiber reinforced composite

基体　matrix

第5章　材料塑性形变和再结晶

Chapter 5　Deformation and recrystallization of materials

纤维组织　fiber structure

亚结构　substructure

形变织构　deformation texture

丝织构　fiber texture

板织构　sheet texture

极图　pole figure

反极图　inverse pole figure

取向分布函数　orientation distribution function (ODF)

力学性能　mechanical property

硅钢　silicon steel

各向异性　anisotropy

制耳　earring

储存能　stored energy

回复　recovery

再结晶　recrystallization

退火　annealing

多边形化　polygonization

动力学　kinetics

亚晶聚合　sub-grain coalescence

亚晶长大　sub-grain growth

晶界弓出　grain boundary bulging

形核　nucleation

晶粒长大　grain growth

一次再结晶　primary recrystallization

二次再结晶　secondary recrystallization

临界形变程度　critical deformation strain

异常晶粒长大　abnormal grain growth

再结晶温度　recrystallization temperature

再结晶图　recrystallization diagram

再结晶织构　recrystallization texture

退火孪晶　annealing twins

热加工　hot working

冷加工　cold working

动态回复　dynamic recovery

动态再结晶 dynamic recrystallization
亚动态再结晶 meta-dynamic recrystallization
静态回复 static recovery
静态再结晶 static recrystallization
软化机制 softening mechanism
金属间化合物 intermetallics
激活能 activation energy

第6章 材料塑性变形的宏观规律

Chapter 6 Macro-rule of materials during plastic deformation

均匀变形 homogeneous deformation
不均匀变形 inhomogeneous deformation
附加应力 additional stress
硬度 hardness
密栅云纹法 Moire method
视塑性法 visioplasticity
模拟 simulation
有限元软件 finite element software
应力场 stress field
应变场 strain field
温度场 temperature field
速度场 velocity field
接触摩擦 contact friction
镦粗 upsetting
鼓形 bulging
黏着 adhesion
变形区 deformation zone
磨损 wear
残余应力 residual stress
热处理 heat treatment
辊式矫直 roller straightening
张力矫直 tension straightening
X 射线衍射 X-ray diffraction
高分辨 high resolution
中子衍射 neutron diffraction

第7章 材料的塑性变形抗力

Chapter 7 Deformation resistance of materials during plastic deformation

塑性 ductility/plasticity
变形抗力 deformation resistance
变形温度 deformation temperature

变形速率 deformation rate
变形程度 deformation extent
拉伸实验 tensile test
压缩实验 compressive test
扭转实验 torsion test
真实应力 true stress
真实应变 true strain
工程应力 engineering stress
工程应变 engineering strain
剪切变形 shear deformation
剪切应力 shear stress
剪切应变 shear strain
应力状态 stress state
轧制温度 rolling temperature
加工硬化 work hardening
热变形 hot deformation
屈服强度 yield strength
抗拉强度 ultimate tensile strength
铁素体 ferrite
单相组织 single phase microstructure
多相组织 multi-phase microstructure
热效应 heat effect
轧制 rolling
锻造 forging
挤压 extrusion
拉拔 drawing
静水压力 hydrostatic pressure
包辛格效应 Bauschinger effect
包辛格效应参数 Bauschinger effect parameter
包辛格效应因子 Bauschinger effect factor
包辛格能量参数 Bauschinger energy parameter
预应变 pre-strain
应力弛豫 stress relaxation
拉弯成形 stretch-bend forming
回弹 springback

第8章 材料的塑性行为

Chapter 8 Plastic behavior of materials

伸长率 elongation
断面收缩率 reduction in cross setion of area
压下率 reduction ratio
弯曲试验 bending test
冲击试验 impact test

冲击韧性 impact toughness

偏心辊 eccentric roll

塑性图 plastic diagram

镁合金 magnesium alloy

渗碳体 cementite

莱氏体 ledeburite

孪生诱发塑性 twinning induced plasticity (TWIP)

形变时效 strain ageing

超塑性 superplasticity

应变硬化指数 strain hardening exponent

应变速率敏感性 strain rate sensitivity

无模拉拔 dieless drawing

超塑胀形 superplastic bulging

超塑成形/扩散连接 superplastic forming and diffusion bonding (SPF/DB)

第9章 材料的断裂

Chapter 9 Fracture of materials

脆性断裂 brittle fracture

韧性断裂 ductile fracture

穿晶断裂 intragranular fracture

沿晶断裂 intergranular fracture

解理断裂 cleavage fracture

剪切断裂 shear fracture

裂纹 crack

颈缩 necking

空洞 cavity

形核 nucleation

扩展 propagation

韧窝 dimple

应力集中 stress concentration

韧脆转变温度 ductile-brittle transition temperature

第10章 材料的组织性能控制

Chapter 10 Control of microstructures and properties

of materials

韧性 toughness

形变热处理 thermo-mechanical controlled process (TMCP)

控制轧制控制冷却 controlled rolling and controlled cooling

奥氏体再结晶区 austenite recrystallization region

奥氏体未再结晶区 austenite non-recrystallization region

两相区 two phase region

相变诱发塑性钢 transformation induced plasticity (TRIP) steel

残余奥氏体 retained austenite

管线钢 pipeline steel

铝合金 aluminum alloy

固溶处理 solid-solution treatment

淬火 quenching

自然时效 natural aging

人工时效 artificial aging

铜合金 copper alloy

高温合金 high-temperature alloy

冲压性能 stamping property

拉深 deep drawing

扩孔性能 hole expanding property

屈强比 yield strength ratio

加工硬化指数 work hardening exponent

塑性应变比 plastic strain ratio

成形极限图 forming limit diagram (FLD)

服役性能 service performance

蠕变性能 creep property

持久性能 endurance property

疲劳性能 fatigue property

应力腐蚀 stress corrosion

氢致开裂 hydrogen induced cracking

腐蚀疲劳 corrosion fatigue